KB140866

신경 *끄기* 육아

INORE IT!:
How Selectively Looking the Other Way Can Decrease Behavioral Problems
and Increase Parenting Satisfaction
Copyright © 2017 by Catherine Pearlman, PhD, LCSW
Korean translation rights © 2020 by Yeamoon Archive Co., Ltd.

캐서린 펄먼
지음

정지헌 옮김

IGNORE IT!

신경 끄기 육아

'선택적 무시'를 통해
아이에게는 자립심을, 부모에게는 자존감을!

예문아카이브

'신경 끄기 육아'를 시작하며

슈퍼마켓 계산대에 서 있는 동안 아이가 껌을 사달라고 조릅니다.

"엄마아아아아아!"

신경을 무척 거슬리는 말투로 떼를 쓰네요.

"오늘은 안 돼."

"엄마아아, 한 번마안!!!! 응?????"

무슨 일이 펼쳐질지 뻔히 예상됩니다. 하지만 엄마는 제발 그런 예상이 빗나가길 바라며 상냥하게 대꾸하죠.

"안 돼."

"한 번만, 엄마. 껌 하난데 왜애"

"안 된다니까."

엄마는 이번에는 좀 더 힘주어 말합니다.

집중이 흐트러지고 답답해하는 엄마를 보며, 아이는 언제나 그렇듯 능숙하게 더욱 거슬리고 등골이 오싹해지는 날카로운 소리로 내며 떼를 씁니다. 마침내 한계에 달한 엄마의 선택은 둘 중 하나가 되겠죠.

A. 그냥 껌을 사주고 사랑스러운 우리 아이를 조용히 시킨다.

B. 하던 일을 멈추고 3분 동안 잔소리하며 아이를 꾸짖는다. 하지만 곧바로 기분이 나빠지고 덩달아 화가 난다.

안타깝지만 어떤 선택을 하든 엄마의 패배라고 할 수밖에 없겠네요.

저는 가족 코치로 일합니다. 육아 그룹를 열어 세미나를 실시합니다. 방문이나 전화 상담을 하고 PTA(Parent-Teacher Association, 학부모-교사 협의회), 종교 단체, 교사들과도 만납니다. 쇼핑몰이나 주유소에서 만난 사람들이 제 직업을 알고 조언을 구하기도 하지요. 모두 표현은 달라도 결국은 똑같은 질문을 하더라고요.

"도대체 우리 아이가 왜 이렇게 말을 안 들을까요?"

좀 더 구체적으로 부모들은 이렇게 묻곤 하지요.

"우리 아들이 왜 식탁에 얌전히 앉지 않으려는 걸까요?"

"저희 딸이 이유도 없이 이상한 소리를 내요. 그만하라고 아무리 좋게 타일러도, 화를 내도 멈추지 않아요. 어떻게 멈추게 할 수 있을까요?"

"아들이 타임아웃을 시키면 방 안을 뛰어다녀요. 그럴 때 어떻게 하면 가만히 앉아 있게 할 수 있죠?"

"아들 하나가 제 관심을 끌려고 갖은 애를 쓰네요. 흥얼거리고 연필을 두드리고 형제들을 팔꿈치로 쿡쿡 찌르고. 온종일 그런다니까요. 어떻게 하면 그만두게 할 수 있을까요?"

정말이지 너무도 많이 들어본 이야기들이에요. 내일 아침에 다시 해가 뜨리라는 사실처럼 쉽게 예측 가능한 패턴입니다. 아이가 짜증나는 행동을 하고 부모는 멈추게 하려고 하죠. 애원하고 소리 지르고, 벌주기까지 모든 방법을 다 시도합니다. 하지만 전혀 효과가 없지요. 그리 놀랄 만한 결과도 아니지만요,

기억하셔야 해요. 아이는 작정하고 부모의 짜증을 돋우려는 게 아니랍니다(물론 그렇게 느껴질 때도 있지만요). 아이는 아이일 뿐이죠. 탐구하고 배우고 발달하는 것이 아이의 일입니다. 가르치고 안내하고 사랑하고 양육하는 것은 부모의 일이고요.

대부분 부모들은 아이의 행동을 바꾸기 위해 뭔가를 해야 한다고 느끼곤 하지요. 하지만 그럴수록 오히려 문제 행동을 부추기게 될 때가 많아요. 그렇습니다. 오히려 특정 행동을 악화시키는 경우가 많죠.

무시해야 하는 자녀의 행동을 부모가 과도하게 훈육하는 경우를 저는 가족 코치로 일하면서 자주 봤습니다. 끊임없이 잔소리하고, 부모의 관심을 끌려는 아이의 행동을 멈추려 하지요. 그 끝없는 기 싸움은 부모를

지치게 만들고 훈육에 이용할 도구도 점점 줄어들게 되고요. 저는 부모님들이 효율적으로 훈육할 수 있도록 돕기 위해 '선택적 무시'를 알리기 시작했습니다. '선택적 무시'란 아이가 저지르는, 부모를 거슬리고 반항하는 행동을 전략적으로 무시하는 과정입니다. 잘 알려진 행동 수정 연구를 토대로 하는 이 개념은 '무시'를 의도적으로 활용하는 방법입니다. 대개 부모님들은 이 방법을 처음 듣고 비슷한 반응을 보이지요.

"우리 애한테는 절대 통할 리가 없어요."

하지만 직접 시도하면 마법이 시작됩니다. 자녀의 거슬리는 행동이 줄고, 부모는 전반적으로 육아 만족도가 높아지고, 부모와 자녀의 관계도 개선됩니다!

제가 이 책을 쓰기로 한 이유는 같은 문제로 고민하는 부모들을 무척 많이 봤기 때문입니다. 안타깝게도 그 부모님들의 행동은 문제를 오히려 악화시키고 있었지요. 이 책을 통해 자녀의 그릇된 행동을 대폭 줄이고, 나아가 아예 그 뿌리를 뽑고, 긍정적인 행동을 장려하는 방법을 알려드리고자 합니다. 아이의 자존감이 올라가고 부모의 육아 만족도까지 높아질 거예요. 다시 말해 자녀와 보내는 시간이 정말로 즐거워진다는 뜻입니다. 이런 좋은 방법을 시도해보지 않을 이유가 없겠지요?

이 책에 나온 개념들은 광범위한 연구 결과와, 실제 가정들과 제가 했던 작업 경험을 토대로 하지만, 그리 복잡하지도 않고 부담스럽지도 않답니다. 단순한 개념을 여러 사례와 함께 알기 쉽도록 설명해서 곧바로 실행에 옮기실 수 있도록 했거든요.

아이와 매일 싸우다가 한계에 부딪혀, 온갖 육아서에 등장하는 해법을 한시라도 빨리 얻으려는 부모님들이 많죠. 이 책을 조금 읽고 저 책도 조금 읽고, 침대 옆 테이블에 여러 책을 놓아두지만 완전히 집중하지 못하게 되지요. 저는 그런 현실이 늘 안타까웠습니다. 부모가 도움이 필요해서 새로운 육아법에 손을 뻗지만, 아이와의 상호작용을 바꾸는 데 필요한 준비를 온전하게 하지는 않으니까요. 새로운 전략에 대해 제대로 읽어보지도 않은 채 잠깐 시도해보고 혼란만 느끼고요. 새 전략도 효과가 없다는 생각에 바로 그만두곤 합니다. 그러면 부모는 의욕이 꺾이고 자녀에 대해 통제력을 잃은 것처럼 느끼게 됩니다. 설상가상으로 부모가 자녀의 바람직하지 못한 행동을 바로잡으려다 포기한다는 사실을 자녀도 알게 됩니다. 아이는 자신의 잘못된 행동에 부모가 새로운 "결과"를 적용하려고 해도, 조금만 더 노력하면 부모를 단념시킬 수 있다는 사실을 배웁니다. 결국 이렇게, 아이의 문제 행동과 그보다 더 심한 행동들이 반복되게 되지요.

그래서 저는, 이 책을 읽는 동안 앞으로 건너뛰지 마시길 권합니다. 각 장은 이전 장의 내용에 덧붙여 개념을 온전히 설명합니다. 쉽고 빠르게 읽을 수 있는 책이라고 장담할 수 있어요. 이 책을 선택하신 이유는 가정 환경을 정말로 개선하고 싶다는 간절한 바람 때문일 거예요. 서두르지 말고 이 책의 내용을 전부 흡수하면 결국 가정에 선물이 될 거예요. 분명 그만한 가치가 있답니다.

이 책은 모두 3부로 구성됩니다. 1부에서는 '선택적 무시' 훈육법의 개념과 바탕을 설명합니다. 과도한 훈육 주기와 '선택적 무시'의 기본에 대해, 어떤 행동을 무시하고 또 무시하면 안 되는지에 대해 알려드릴 거예요.

2부에서는 '선택적 무시'를 실제로 활용하는 방법을 알려드립니다. '선택적 무시'를 정확히 어떻게 시작하면 좋을지, 그리고 '선택적 무시' 개념을 설명하는 다양한 상황 시나리오를 소개합니다. 집 밖에서는 어떻게 무시해야 하는지, 오히려 난처한 행동이 심해지면 어떻게 대처해야 하는지, '선택적 무시'를 가로막는 주요 장애물에 대해서도 알아보고자 합니다.

3부는 '선택적 무시' 훈육법의 초점에서 벗어난 듯하지만 이 책에 꼭 필요한 부분이랍니다. '선택적 무시' 훈육법으로 바람직하지 못한 행동이 없어져도 문제의 일부분만 해결될 뿐이죠. 따라서 3부에서는 바람직한 행동을 장려하는 방법을 알리고, 무시하면 안 되는 부적절한 행동의 결과를 보여드립니다. 부모들이 자주 하는 Q & A, '선택적 무시' 훈육법을 시작하는 비결도 소개합니다.

마지막 장에는 제가 부모님들에게 전하는 격려의 말을 담았습니다. 상담 시간에 제가 부모들에게 전하는 가장 중요한 부분이기도 하지요. 물론 상담 시간에 실용적인 방법도 알려드리고 그 또한 중요하지만, 많은 부모에게 정말로 필요한 것은 격려의 말입니다. 변화가 가능하다는 확신이 필요하니까요! 저는 부모님들을 지지하고 안심시키고자 합니다.

격려와 응원이 있으면 확신을 가지고 변화를 추구할 수 있고 인생도 달라질 수 있으니까요.

일부 부모에게 '선택적 무시' 훈육법은 자녀의 행동 문제를 다루는 데 필요한 여러 도구 중 하나일 수도 있습니다. 전문 치료사와 심리학자, 정신과 의사의 상담과 도움이 추가로 필요할 수도 있고요. 심각하거나 문제 있는 행동을 개선하기 위해 전체적인 평가와 약물 치료, 그 밖에 또 다른 개입이 필요할 수도 있지요. '선택적 무시'는 대부분의 다른 치료나 교육 방식과 함께 할 수 있어요. 따라서 필요하다면 다른 도움도 구해야 하겠지요.

아이를 더 사랑하고 아이와 더 행복한 시간을 맞이하기 위해 달라질 마음의 준비가 되셨나요? 그렇다면 이제 시작해볼까요?

일러두기

사생활 보호를 위해 이책에 등장하는 부모와 자녀의 이름
은 모두 익명을 사용했습니다. 전체 상황을 제시하고 개인
정보를 보호하기 위해, 발생한 문제나 아이의 나이가 비슷
한 경우에는 합해서 하나의 사연으로 소개했습니다. 이 책
에 제시된 상황은 모두 제가 이 분야에서 상담을 하고 일
하는 동안 수많은 가정에서 실제로 일어난 일들입니다.
'선택적 무시' 적용 방법에 대한 설명과 반응은 모두 제 기
억에 따라 작성되었습니다.

CONTENTS

PART

01

'선택적 무시'란
무엇일까?

전부 다 무시하지 마라. 아이에게는 감독과 관
심, 개입이 필요하다. '선택적 무시'는 바람직하
지 못하고 신경에 거슬리는 행동만 무시하는 것
이다.

아이한테 신경 끄라고요?
제정신이세요?

Ignore My Kids?
Are You Crazy?

자녀를 무시하라고 조언하면 부모들은 대부분 비슷한 반응을 보입니다. 절반은 고개를 갸우뚱하면서, 우리 집 강아지 노마가 내 말을 알아듣지 못할 때와 비슷한 표정을 짓곤 하지요. 그다음 "무시하라니, 그게 무슨 뜻이죠?"라고 질문합니다. 부모를 시험에 들게 하는 아이의 성가신 행동을 전부 무시하라고 설명하면, 제가 가족 코칭 전문가가 아니라 실은 돌팔이가 아닐까 의심하기 시작하는 눈치예요. '아이를 무시하라니, 세상에 그게 무슨 말이람? 상식적으로 이해되지 않는 말 아닌가? 무시한다고 해서 애들이 저지르는 나쁜 행동이 저절로 사라지는 것도 아니고.'

하지만 그 행동을 사라지게 할 수 있습니다. 한 아빠는 이 '선택적 무시'를 처음 접했을 때, 아들의 부적절한 행동을 무시하기가 겁났다고 털어놨어요. 그런 행동을 해도 괜찮다는 뜻으로 아이가 받아들일까 봐 걱정되어서였죠. 당연히 그는 아들의 행동이 전혀 괜찮지 않았고, 아들에게도 그런 메시지를 전달하고 싶었지요. '선택적 무시'로 그 메시지를 전달할 수 있습니다. 단 말이 아니라 아빠의 행동으로요.

또 다른 부모들은 자녀를 무시해도 된다고 공식적으로 허락받은 듯, 매우 기뻐하기도 합니다. 끝없는 육아에 지쳐 있기 때문이지요. 육아, 직장일, 공과금과 세금 문제, 나이 든 부모 모시기, 생일파티, 학교 행사 등 때문에 부모 역할에 사표를 내고 싶은 마음이 굴뚝같고요. 그런데 아이를 무시해도 된다니, 아니 무시해야만 한다니 듣던 중 반가운 소리일 수밖에 없겠죠. 한 아빠는 하나밖에 없는 자식을 가끔 무시해도 괜찮다는 사실에 안도하면서 이런 글을 보내왔답니다. "이런 훈육법을 만들어주셔서 정말 감사합니다. 이제 마음놓고 둘째를 낳을 수 있겠네요." 분명 진심 같았습니다.

전자든 후자든, 모든 부모님들은 자녀가 바람직하지 못한 행동을 한다는 사실에만큼은 이의를 제기하지 않습니다. 아이들은 징징대고 울고 소리 지르고 떼를 쓰지요. 대개는 일부러 부모를 짜증 나게 합니다. 그렇게 할 수 있다는 이유만으로 엄마와 아빠를 '돌아버리게' 하고요. 세상 어느 곳에 사는 아이건, 부모의 약점을 악용합니다. 그래서 오늘날 부모는 자녀 훈육에 그 어느 때보다 많은 시간을 쏟고 있지요. 타임아웃으로 벌을 주거나 행동에 대한 보상을 주는 방식을 계속 번갈아가며 사용하죠. 아이와 모든 걸 끝없이 협상합니다. 하지만 그 어떤 방법도 효과가 없어요. 바람직하지 못한 행동이 사라지기는커녕 오히려 심해질 뿐이죠.

아이의 행동이 심해질수록 부모는 더 소리 지르고 더 벌을 심하게 줍니다. 부모가 느끼는 분노와 좌절감도 더 커지고요. 무엇보다 끔찍한 일은 결국 포기하고 져주고 만다는 거예요. 결과적으로 엄마와 아빠가 일상에서 느끼는 양육의 즐거움도 점점 줄어들어요. 뭔가 조치가 취해지지 않으면 안 됩니다. 부모는 2세를 계획할 때 육아의 어려움을 짐작하면서도 아이가 줄 기쁨이 더욱 클 것이라는 사실에 초점을 맞추게 되죠. 하지만 막상 키워보니 고난과 기쁨의 균형은 심하게 깨져버립니다. 아이가 주는 기쁨보다 좌절감이 훨씬 크니까요.

도대체 어디서부터 잘못된 것일까요?

관심, 관심, 관심 좀 주세요! 엄마, 나 좀 봐, 나 좀 보라고!

앞서 말한 두 유형의 부모가 '선택적 무시'에 보이는 핵심 반응은 이렇습니다. 아이를 무시한다는 것은, 과도할 정도로 자녀를 지켜보고 칭찬하고 사랑하는 요즘 시대의 자녀교육 방식을 완전히 거스르는 방법

같다는 거죠. 요즘은 과잉양육의 시대니까요. 물론 극성 부모들을 비난하자는 뜻은 아닙니다. 솔직히 모든 부모가 조금은 극성스러운 면이 있죠. 부모는 결코 자식을 무시하지 못하죠. 절대로. 숙제부터 방과 후 활동, 대학 입학까지 아이의 일거수일투족에 지대한 관심을 둘 수밖에요.

분명히 "난 아닌데"라고 말하는 부모님도 있겠죠. 뭐, 다 같은 극성 부모일지라도 정도의 차이는 있을지 모르겠네요. 하지만 대부분 부모라면 자녀로부터 매일 듣는 다음 말들을 보면서, 자신이 극성 부모에 속하는지 한번 생각해보시기 바랍니다.

"엄마, 나 다이빙 또 하는 거 봐봐."
"엄마, 내가 레고로 만든 멋진 자동차 봤어?"
"아빠, 내가 마지막까지 깬 게임 다시 보기 해봐."
"아빠, 나 나무에 올라가는 것 좀 봐."

"나 좀 봐. 나 좀 봐. 나 좀 봐." 아이들은 끝없는 관심을 원합니다. 만족을 모르죠. 부모는 물론 주변 사람들을 감탄하게 만들고 싶어 하고 대단하다는(우와!) 피드백을 받고 싶어 합니다. 스포츠를 하는 아이만 보더라도 알 수 있지요. 아이는 축구 시합에서 뛰다가 뭔가 잘해냈을 때마다 곧바로 부모 쪽을 바라봅니다. 인정받으려고요. 초기 아동기에 부모는 자신의 가치를 좌우합니다. 중학생 쯤 되면 '좋아요'나 공유, 인기 같은 외적 요인이 자기 가치를 결정하고 평가하지요. 10대는 친한 친구들이 통과시켜준 셀카 사진만 신중하게 골라 소셜 미디어에 올리고요.

아이들은 관심받고 싶은 욕구가 워낙 강해서 극단적인 방법까지도 서슴지 않곤 합니다. 처음에는 어른을 기쁘게 해 온통 자신에게로 관심이 쏟아지는 방법을 노립니다. 하지만 그 방법이 통하지 않을 때도 있죠. 부모가 관심을 줘야 하는 자녀가 또 있을 수도 있고, 집에서 일하거나 아프거나 전화 통화나 이메일을 처리해야 할 때도 있으니까요. 그런 이유로 관심이 분열되면 아이들은 바람직하지 못한 방법으로 그 관심을 낚아채려고 합니다. 그래서 부모를 살살 유도하고 시험하고 신경을 건드리고 징징대고 소리 지르고 마구 떼를 쓰지요.

그렇다면 부모의 관심을 끌고 시험하려는 행동은 언제 어떻게 시작된 것일까요?

바로 유아기에 시작되고 학습됩니다. 바로 부모가 아기에게 가르쳤지요. 부모는 30분간 휴식을 취하면서 아이들에게 아이용 비디오를 보게 하지 않죠. 같이 앉아서 뭔가를 가르치거나 격려하거나 안전감을 느끼게 해줍니다. 요즘 아기들의 놀이는 훨씬 덜 자기 주도적이에요. 이전 세대의 아이들은 학습을 항상 할 필요가 없었습니다. 아무런 목적 없는 놀이를 했지요. 그랬던 시절은 오래전에 지나가고 말았네요.

과거에는 아이들이 뜻대로 하도록 놔두는 경우가 많았습니다. 아이들은 자유롭게 탐구하고 자전거로 동네를 돌아다니고 친구들과 껌을 사러 갔지요. 저는 어릴 때 지하실에서 몇 시간 동안 이런저런 가정용품과 빨래 세제로 "예술작품"을 만들곤 했습니다. 심심하면 같은 동네에 사는 슈워츠 네 집으로 가서 고전 게임기를 갖고 놀거나 차도에서 농구를 했죠. 피아노를 배우러 혼자 자전거를 타고 약 1.6킬로미터 떨어진 선생님 집으로 갔고요. 정말 자유롭고 좋았습니다. 하지만 이제 시대가 바뀌었지요.

물론 부모의 끊임없는 감독과 지시는 부모들이 스스로 부과한 것만은 아닙니다. 사회의 모든 영역에서 그런 메시지가 쏟아져 나오지요. 예를 들어 인기 장난감인 '똑똑한 우리 아기의 첫 번째 블록(Brilliant Basics Baby's First Blocks)'를 볼까요? (이름에 이미 "똑똑한"이라는 말이 들어갔다는 사실을 기억하세요.) 이 장난감은 여러 모양의 블록이 들어 있는 통입니다. 뚜껑에는 블록 모양대로 구멍이 뚫려 있어요. 제품 설명은 이렇습니다. "뚜껑에 블록 모양대로 구멍이 뚫려, 아기와 부모가 함께 블록을 정리할 수 있습니다. 그래서 아기가 블록을 쌓고 무너뜨리기 전에 색깔과 모양(동그라미, 별, 삼각형 등)의 새로운 개념을 배울 수 있습니다." 이 장난감은 생후 6개월용이에요. 왜 부모가 아기와 함께 블록을 정리해야 하나요? 왜 아기가 혼자 놀면 안 될까요? 이 사회가 자녀에게 끊임없이 관심을 주라고 강조하기 때문입니다.

물론 아이들에게는 부모의 관심이 필요하죠. 실제로 대부분 부모들은 자녀에게 헌신적으로 관심을 둡니다. 하지만 적절한 정도의 관심도 문제가 될 수 있습니다. 관심을 더 많이 준다고 해서 꼭 적응력이 뛰어나고 행동이 올바른 아이가 되는 것은 아니에요. 끊임없는 관심을 기대하면 아이는 마약처럼 관심에 중독됩니다. 중독자가 어떻게든 마약을 구하려고 하는 것처럼, 아이는 부모가 소리 지르고 벌을 주는 달갑지 않은 결과에도 불구하고 계속 관심을 끌려고 합니다.

정신병자가 운영하는 정신병원?

아기에게는 생존을 위한 자연 경보와 응답 시스템이 설정되어 있습니다. 태어나자마자 아기는 배고프거나 기저귀를 갈아야 하는 등 무언가 필요하면, 웁니다. 울음은 부모에게 아기에게 도움이 필요하다는 경보를 보냅니다. 부모가 아기의 필요에 빠르게 반응하면 안정적인 애착 관계가 발달합니다. 욕구가 충족되리라는 믿음이 형성되는 것은 아기에게 매우 중요하지요. 그렇다면 이 부분에서 단점은 무엇일까요?

아기는 울면 부모의 관심을 끌 수 있다는 사실을 금방 습득합니다. 아이들은 말이나 손짓을 배우기 훨씬 전부터 울음으로 소통하는 법을 배우죠. 배가 고프면? 웁니다. 낯선 얼굴을 보거나 시끄러운 소리를 들으면? 울지요. 화나거나 답답하거나 심심하거나 슬프거나 배에 가스가 차면? 역시 웁니다. 신생아에게 울음은 생존 기술처럼 작용하는 선천적인 능력입니다. 모든 부모가 알아듣는 보편 언어죠.

부모는 아기의 울음을 멈추기 위해 노력합니다. 처음에는 좋은 일이죠. 하지만 어느 지점에 이르러 아기는 배고픔과 좌절, 불편함을 좀 더 오래 견딜 수 있게 됩니다. 그런데 부모가 무조건 울음을 멈추려고 개입하면 아이는 그것을 자신에게 유리하게 이용하는 법을 배우게 됩니다. 울고 칭얼거리면 엄마와 아빠의 관심을 바로 받고 빠른 해결책을 얻을 수 있으니까요. 시간이 지날수록 울음의 높낮이도 완벽하게 가다듬게 되지요. 수리수리마수리! 울음이 생떼 부리기로 변합니다. 부모는 아이가 우는 것보다 떼쓰는 것을 더 싫어해서, 특히 밖에서 그러면 어떻게든 멈추려고 합니다. 아이도 그것을 이미 너무 잘 알고 있고요.

아이들, 특히 어린아이들은 삶에서 통제할 수 있는 것이 거의 없습니다. 부모가 모든 것을 통제하죠. 불리한 쪽은 이 한쪽으로 기울어진 힘의 역학을 순순히 받아들이지 않습니다. 가끔 아이들은 가능하다는 이유만으로 부모에게 저항합니다. 예를 들어 두 살배기 샘은 시리얼을 먹겠다고 했지만 우유를 부어주자마자 먹지 않겠다고 합니다. 싫어! 싫어! 싫어! 계란 먹을래! 시리얼 안 먹어! 계란 줘! 샘은 시리얼을 좋아하지만 엄마가 정말로 달걀을 주는지 확인하고 싶은 거죠. 과연 무슨 일이 일어날지 짐작할 수 있겠습니까?

샘은 떼를 씁니다. 시리얼 그릇을 밀어버리고 눈물을 뚝뚝 흘리며 울기 시작합니다. 엄마가 그릇을 가까이 가져다주자 샘은 악을 씁니다. 시리얼 안 먹어! 안 먹어! 빨개진 얼굴로 울고 소리 지르고 발을 마구 차면서 마음껏 감정을 쏟아내죠. 자신이 무슨 행동을 하는지도 정확히 알고 있어요. 엄마는 달걀을 준비하기 시작합니다. 아이가 어린이집에서 배고프면 안 되고 큰아이들도 학교에 보내야 해서 바쁘니까요. 샘은 곧바로 조용해집니다. 샘이 아기일 때처럼 엄마는 샘의 울음을 멈추기 위해서라면 무엇이든 할 겁니다.

이제 샘은 자신이 생각보다 큰 힘을 가졌음을 깨닫습니다. 샘은 엄마가 자신의 말을 들어줄 여러 다른 방법을 찾기 시작하죠. 가게에서 장난감을 사주지 않겠다고 할 때는 심하게 떼를 씁니다. 장난감! 사줘! 사줘! 엄마는 당황하죠. 사람들이 바로 그 표정으로 아이와 자신을 차례로 쳐다보는 것을 느낍니다. 우리 모두가 잘 아는 바로 그 표정, "부모가 형편없네. 좋은 부모라면 아이가 저렇게 행동하지 않을 거야. 빨리 좀 조용히 시키지"라고 말하는 표정 말이에요. 밖에서 힘겨루기하고 싶은 기분이 아니기 때문에 엄마는 장난감을 사줍니다. 샘은 황홀감을 느끼고요. 새 로봇이 생겼을 뿐만 아니라 엄마를 원하는 대로 움직였으니까요. 이번에도 성공적으로요. 생떼 부리기는 샘에게 효과 만점인 방법이죠.

하지만 엄마에게는 아닙니다. 샘의 이런 행동이 쌓이고 쌓여 끝없는 기 싸움을 만드니까요. 엄마, 아빠와 샘이 대립합니다. 엄마, 아빠는 "안 돼!"라고 하고 샘은 "돼!"라고 합니다. 가끔 엄마, 아빠가 싸움에서 이길 때도 있죠. 아무리 기진맥진해도 끝까지 장난감을 사주지 않을 수도 있으니까요. 하지만 시간이 갈수록 승자는 샘이 됩니다. 샘은 협상도 하죠. 재미있고 관심을 끌어당기는 데다 가끔 장난감이나 아이스크림도 생기니까요. 하지만 부모는 끝없는 싸움에 지칩니다. "안 돼"가 "안 돼"로 받아들여지기를 바랍니다. 아이에게 뭔가를 사주지 않고 가게에 다녀올 수는 없을까? 물론 가능합니다.

하지만 무엇보다 아이와의 관계 역학이 바뀌어야 합니다.

협상의 귀재인 아이들

몇 년 전에 중재 작업을 한 적이 있습니다. 이혼한 부부들과 작은 사무실에서 만나, 방문 일정을 두고 싸우는 그들에게 협상을 중재하는 역할이었습니다. 중재는 원래 그래야 하죠. 모두가 조금씩 양보하면 모두가 이길 수 있습니다. 적어도 이론상으론 그렇습니다. 하지만 육아에서는 부모가 자녀와 협상하는 순간 집니다. 왜일까요? 협상이 거의 항상 아이에 의해, 아이의 이익을 위해 시작되기 때문입니다. 다음 두 사례를 보면 알 수 있습니다.

매디는 과자를 먹고 싶지만 아빠가 안 된다고 합니다. 매디는 포기하지 않고 묻죠. "당근 다 먹으면 과자 먹어도 돼요?" 아빠는 된다고 대답합니다. 매디는 당근을 다 먹습니다. 협상을 하지 않았더라도 당근을 먹었겠죠. 그렇지 않다면 아빠의 결정을 바꿀 다른 방법을 찾았을 거고요. 이 협상은 매디에게 시작일 뿐이었죠. 다음 주에 매디는 또 당근과 과자를 거래하려고 하지만 이번에는 좀 더 전략적으로 나옵니다. 아빠가 당근을 먹으면 과자를 먹어도 된다고 하자 묻습니다. "당근 다 먹어야 해요?" "아니, 다섯 개만 먹어." "두 개는 안 돼요?" "네 개 먹어." 그러자 매디는 "세 개요"라고 하고 아빠는 "알았어"라고 대답합니다. 이제 매디는 아빠가 무언가를 요청할 때마다 중재를 시작합니다. 매디로서는 포기하는 것보다 얻는 게 훨씬 많고 아빠는 얻는 것보다 잃는 게 많죠.

낸시의 집에서도 또 다른 사례를 볼 수 있습니다. 낸시는 두 십대 자녀를 키우는 싱글맘이죠. 토미는 열여섯 살, 알리사는 열세 살입니다. 낸시가 토미에게 이제 게임기를 그만 끄라고 합니다. 두 시간 넘게 게임을 한 데다 이제 잘 시간이니까요. 토미는 엄마가 게임을 그만하라고는 하지만 그만둘 필요가 없다는 사실을 알고 있죠. 처음에는 그냥 못 들은 척합니다. 그러면 엄마가 여동생에게 신경 쓰는 동안 15분에서 20분을 벌 수 있죠. 그사이에 엄마가 몇 번씩 끄라고 소리치지만 토미는 무시합니다. 마침내 엄마가 방으로 와서 좀 더 화난 목소리로 "토미, 끄라고 했지!"라고 합니다. 이때 협상이 시작되죠. "안 돼요. 지금 아주 중요한 순간이란 말이에요. 10분만 더 하면 안 돼요? 10분 후에 바로 잘게요." 매일 밤 펼쳐지는 광경에 지친 낸시는 "10분 만이야"라고 말하며 나갑니다. 낸시는 단호하다고 생각하지만, 토미는 엄마를 쉽게 설득할 수 있다는 사실을 알고 있죠.

아이와의 협상은 끝없이 티격태격하게 만들어서 문제입니다. 한번 양보하면 계속하게 되니까요. 부모가 단호하게 나가려 해도 아이의 애원과 간청, 우는 소리를 마주해야 합니다. 너무 지치는 일이죠. 아이들은 어떤 결정이 나와도 협상 여지가 있다고 생각합니다(대부분 실제로도 그렇고요). 저는 부모들이 자녀가 "안 돼"라는 말을 받아들이지 않는다고 털어놓을 때마다, 문제점이 무엇인지 알 수 있어요. 바로, 자녀와 협상을 했기 때문이죠.

또 그러면
난 미쳐버릴 거야!

앞서 말한 샘은 관심 끌기 행동으로 원하는 것을 얻으려고 했습니다. 똑같은 유형의 행동이 완전히 다른 결과를 가져올 때도 있죠. 어릴 때 저와 언니 레아는 서로 약올리기를 좋아했습니다. 차 뒷좌석에 앉아 서로 치고 쿡 찌르고 발로 찼죠. 점점 시끄러워지면 엄마나 아빠가 뒤돌아 소리를 질렀어요. "이제부터 서로 몸에 손대지 마!"

본격적인 재미는 그때부터 시작이었습니다. 저는 손가락을 들어 실제로 닿지는 않도록 언니에게 최대한 가까이 가져갔죠. 언니는 "엄마, 캐서린이 나한테 손 댔어요"라고 우는소리를 했죠. 그러면 저는 얄미운 미소를 지었습니다. "안 닿았거든?" 제 작은 행동 하나가 엄마와 언니를 모두 짜증나게 했죠. 이 행동은 거의 항상 제게 불리한 쪽으로 끝났어요. 언니가 절 때리거나 엄마가 절 자동차 바닥에 앉으라고 시켰으니까요. 그런데도 왜 저는 그런 행동을 했을까요?

몇 해 전에 스무 명의 부모를 대상으로 형제자매 간 경쟁을 주제로 세미나를 개최했습니다. 저는 부모들에게 자녀들의 형제자매 관계를 이해하려면 자신의 어린 시절과 형제자매 관계를 돌아보라는 조언을 자주 합니다. 어쨌든 세미나에서 존이라는 한 아빠가, 평생 잊을 수 없는 말을 했습니다. 그는 대가족에서 자란 자신의 이야기를 들려줬습니다. 그를 포함해 형제자매가 모두 여섯 명이었는데 당시가 1970년대인 만큼 아이들은 자기 일을 스스로 해야 했죠. 존은 심심할 때마다 여동생을 괴롭혔어요. 가능한 모든 방법을 동원해 놀리면 여동생이 어머니에게 달려가 일렀고요. 어머니는 딸아이가 안쓰러워 존을 불렀습니다. 어머니가 한 말은 그에게 계속 사이렌 경보 역할을 했습니다. "왜 그렇게 동생을 괴롭히는 거니? 그렇게 놀리면 동생이 정말 속상하잖아." 존은 그 이야기를 하면서 싱긋 웃었습니다. 지금은 자신의 행동이 너무했고 약간

가학적이라는 것을 알지만, 어머니의 말은 그가 동생을 계속 괴롭히게 만드는 알람처럼 작동했죠. 그 후로도 그는 몇 년간 일부러 동생을 약 올렸다고 합니다.

존은 그 일을 자랑스러워하지 않았습니다. 동생에게 상처 준 데 대해 수치심과 후회를 느꼈죠. 하지만 당시에는 동생을 괴롭혀 잠깐이라도 어머니의 관심을 얻는 데 중독되어 있었던 겁니다. 어머니는 주로 야단 을 쳤고 가끔 벌도 줬지만 그래도 존은 멈추지 않았죠.

존의 고백을 듣고, 제가 왜 언니와 엄마의 신경을 거슬리게 하는 행동 을 했는지 깨달았습니다. 힘없는 어린아이였던 저는 그 행동이 반응을 얻으리라는 사실을 알았던 거죠. 부모는 아이가 필요하거나 원하는 관 심을 주지 않을 때도 있습니다. 앞서 말했듯이 아이는 유쾌한 방법으로 관심을 획득하지 못하면 무슨 수를 써서라도 얻으려 하죠. 부모가 화를 내면 오히려 아이의 행동을 장려합니다. 믿기 어렵겠지만 사실입니다.

아이는 미끼를 던지고 부모는 덥석 뭅니다. 아이는 낚싯대를 잡아당 기고 부모는 낚싯바늘과 낚싯줄, 봉돌을 삼키죠. 아이가 왜 자꾸 일부러 화를 돋우는지 의아해하면서요. 존과 샘, 저는 모두 부모의 반응을 얻으 려고 일부러 자극한 거예요. 어느 정도 확실하게 결과를 예상하고서요.

부모를 미치게 만든다는
사실을 모르는 아이

일부러 부모를 자극하는 아이들도 있지만 매우 자연스럽게 그러는 아이들도 있습니다. 그중에는 자폐증이나 주의력 결핍 장애(ADHD) 같은 특성을 지닌 아이들도 있지요. 다른 아이들과 아주 조금 다른 면이 있습니다. 흥얼거리기, 큰 소리로 말하기, 따라 하기, 아기 소리 내기 같은 행동으로 시끄럽게 굴어 부모를 괴롭게 만들죠. 겨우 앉혀놓으면 움직입니다. 식사 때마다 컵이나 접시, 포크를 떨어뜨리고, 넘어져 바지가 찢어지는 일도 흔하고요. 부모는 그런 행동을 더욱 강하게 의식하고, 그런 행동이 나타날 때마다 짜증이 솟구치게 됩니다. 좌절감이 그 정도에 이르면 무슨 일이 있어도 문제 행동을 없애려고 하게 되죠.

빌리는 최근에 ADHD 진단을 받았고 오래전부터 숙제에 잘 집중하지 못했습니다. 자꾸 꼼지락거리고 가끔 큰소리로 흥얼거리죠. 집중력 없는 아들에게 지친 부모는 계속 아이를 야단쳤습니다. "빌리, 가만히 좀 앉아있어!" "빌리, 그런 소리 내지 말랬지!" "제발 앞 좀 보고 앉아 있어줄래?" "자 좀 구부리지 말라니까!" "입 다물고 썹어!" "가게에서 이것 저것 다 만지지 말랬지! 빨리 와!" 부모는 이렇게 방향을 다시 잡아주면 집중에 도움이 될 거라고 생각했지요. 하지만 틀렸습니다.

빌리의 행동은 나아지지 않았습니다. 빌리는 대부분 자신의 행동을 인지하지 못했으므로 나아질 수가 없었죠. 빌리의 부모는 저런 말들이 집중을 분산시킬 뿐만 아니라, 포화 공격처럼 쏟아지면서 빌리의 자존감을 갉아먹는다는 사실을 알지 못했습니다. 빌리는 자신의 행동을 알아차리지도 못했기 때문에, 부모가 끊임없이 꾸짖자 자신이 문제라고 느꼈죠.

신경 끄고 무시하라는 말이 아직도 이해되지 않는다면!

이제 자녀가 거슬리는 행동을 하는 이유를 충분히 아셨을 거예요. 부모의 관심을 끌려는 행동인 거죠. 어떤 관심이든 무관심보다 낫습니다. 지금까지 살펴본 것처럼 징징거리고 울고 애걸복걸하고 협상하는 행동은 아이가 원하는 것을 손에 넣게 해주죠. 아이의 바람직하지 못한 행동에 부모가 반응하는 방법은 효과가 없습니다. 벌을 주고 타임아웃을 해도 아이의 행동은 고쳐지지 않죠. 소리 지르는 것도 효과가 없기는 마찬가지입니다.

부모는 자녀의 바람직하지 않은 행동을 바로잡으려고 합니다. 효과가 없으면 좀 더 소리를 높입니다. 미국 전국 단위 대표 표본 연구에서, 부모의 90퍼센트가 심한 언어를 통해 훈육을 한다고 인정했습니다. 자녀가 유아이건 10대 청소년이건 똑같아요. 부모들은 지치고 더 활용할 훈육 도구도 없기에 소리를 지릅니다. 하지만 애정을 담아 자녀를 위해 하는 일이라도 효과가 없죠. 언어 훈육을 반복하면 아동의 우울증이 심해질 뿐만 아니라 품행 장애의 위험도 커집니다. 부모를 소리 지르게 만드는 바로 그 문제로 이어지게 되죠.

대부분 부모는 소리 지르기가 자녀에게, 그리고 부모와 자녀의 관계에 끼치는 영향을 과소평가합니다. 부모는 버럭 화를 낸 뒤 아이와 대화를 나누고 후회하는 경우가 많습니다. 하지만 아무리 따뜻하고 사랑 넘치는 가정이라도 언어 훈육을 심하게 하면, 자녀는 부모에게 반감이 강해집니다. 엄마와 아빠에게 적대 감정을 느끼는 아이일수록 문제 행동이 나타날 가능성도 커지고요. 닭이 먼저인지 달걀이 먼저인지 알 수 없는 주기가 생기는 거죠. 소리 지르기는 누구에게도 이로울 것 없는 훈육법입니다.

부모와 자녀 간의 힘 차이가 불분명하고 훈육이 효과적이지 못하면, 부모는 더 자주 훈육하기 시작합니다. 자녀의 거슬리는 관심 끌기 행동에 매우 민감해지고요. 그만 징징거리고 바닥에서 일어나고 그만 떼쓰라고 잔소리하는 것은, 온 기운을 소진하는 일입니다. 그런 행동을 줄일 목적으로 '무시하기'를 시작하는 부모들은 매일 반복되던 전쟁에서 해방되어 큰 안도감을 느낍니다. (의도적으로) 무시해도 된다는 허가에 몸 상태까지 더 좋아지지요. 결과적으로 아이와의 시간이 즐거워지고 아이도 부모와의 시간을 즐기게 됩니다.

매번 다른 결과를 기대하며 똑같은 행동을 계속한다면 어리석은 겁니다. 지금 쓰는 훈육법으로 자녀의 행동이 개선되지 않으면 다른 방법을 시도해보는 게 맞겠죠. 기존과는 완전히 다른 방법 말입니다. 아이가 적절하지 않은 행동을 할 때마다 아이를 무시하는 것처럼. 이제 '선택적 무시'가 어떤 원리이고 왜 효과적인지 알아보겠습니다.

TIP BOX
꼭 기억하기

- 아이와 협상한다면 이겨도 이기는 게 아니다.
- 부정적인 것을 포함해 모든 관심은 아이에게 동기를 부여한다.
- 아이는 징징거리고 울고 협상하면 원하는 것을 얻을 수 있다는 사실을 아기 때부터 배웠다.
- 아이는 삶에 대한 통제권이 없으므로 가능할 때마다 통제권을 행사하려고 한다.
- "날 좀 봐주세요"라고 늘 외치는 아이들은 과잉 양육이 만들어낸 것이다.

강화된 행동은
반복된다

Positive and Negative Reinforcement:
The Basics

아이들은 교활한 기술을 부릴 줄 압니다. 하나는 '피하기', 또 다른 하나는 '손에 넣기'입니다. 아주 어려서부터 그 기술을 배우고, 몇 년 동안 완벽하게 가다듬어 최상의 효과를 뽑아내죠. 부모는 아이가 이 재능을 활용할 때 인지조차 못하는 경우가 많습니다. 아이들이 벌건 대낮에 바로 눈앞에서 그 기술을 쓰는데도요.

제이슨은 목욕을 싫어합니다. 매일 밤 잠자리에 들기 전에 이 아이를 씻기느라 엄마는 전쟁을 치릅니다. 엄마는 아이가 변화를 받아들이기 힘들어한다고 생각해서 목욕 시간을 미리 알리죠. "제이슨, 5분 뒤에 위

층으로 올라가서 목욕할 거야. 알았지?" 아무런 대답이 없습니다. 저녁
식사를 치우느라 분주한 엄마가 1분 전에 또 경고합니다. "1분 전 경고
야!"라고 소리치면서요. 제이슨은 듣고도 무시합니다. 오늘은 정말이지
목욕을 하고 싶지 않은가 봅니다. 다른 날도 마찬가지지만. 제이슨은 경
험상 계속 꾸물대면서 미루면 너무 시간이 늦어버려 목욕을 건너뛸 수
도 있다는 사실을 잘 알죠. 오늘도 그렇게 되기를 바라고요.

제이슨은 집 안을 뛰어다니기 시작합니다. 엄마는 피곤하죠. 아이의
저런 행동을 상대할 기분이 아닙니다. 그래서 아이를 잡으려 합니다. 엄
마가 달려오자 제이슨은 깔깔거립니다. 엄마는 더욱 속력을 내어 뒤에서
아이의 티셔츠를 붙잡습니다. 제이슨은 잡기 놀이가 재미있어 미친 듯
웃어댑니다. 엄마는 포기할까,라고 생각하기 시작하죠. 오늘 무엇을 했는
지 생각해봅니다. 꼭 씻어야 할 정도로 우리 애가 지저분한가? 머릿속에
서 이런 대화가 펼쳐집니다.

오늘은 공원에 안 갔고 도서관은 깨끗하잖아. 다른 친구와 놀지도
않았고 저녁도 별로 지저분하게 먹지 않았어. 목욕을 안 해도 될
지도 몰라.

여기까지 생각이 미치자 엄마는 말합니다. "제이슨, 엄마 생각이 바뀌
었어. 목욕은 안 해도 될 것 같구나. 별로 지저분하지 않으니까. 얼른 올

라가서 옷만 갈아입어. 빨리하면 동화책을 한 권 더 읽어줄게." 아니, 잠깐, 정말로 내 계획이 먹혔잖아? 제이슨은 충격을 받습니다. 그다지 노력한 것도 아니었는데. 가짜로 우는 척할 필요도 없었고요. 제이슨은 기뻐서 어쩔 줄 몰라 하며 곧장 위층으로 뛰어 올라갑니다. 동화책을 한권 더 읽어준다는데 기분이 얼마나 좋았겠어요?

제이슨이 회피의 대가라면 소냐의 특기는 특별한 것을 손에 넣는 능력입니다. 소냐는 일종의 수집가죠. 잡동사니를 좋아하고요. 특히 자, 캐릭터 상품, 가방에 다는 동물 인형 열쇠고리, 탱탱볼 같은 작은 장난감을 좋아합니다. 불이 들어오는 물건들도 좋아하죠. 포켓몬도 수집하고, 얼마 전부터는 여러 가지 향의 립글로스에 눈독을 들이기 시작했습니다. 소냐의 부모는 딸에게 장난감을 거의 사주지 않는다고 말하겠죠. 적어도 이유 없이 그냥 사주지는 않는다고요. 소냐는 가게 안에서 얌전하게 굴면 계산대 근처에 놓인 작은 물건을 손에 넣을 수 있습니다. 차 안에서 엄마가 중요한 전화 통화를 할 때 뒷좌석에서 조용히 앉아 있으면 아이스크림이나 쿠키를 먹을 수 있다는 사실도 잘 알고요. 오늘 엄마는 이웃의 생일 선물을 사러 토이저러스에 들렀는데, 소냐가 또 할리우드 배우 뺨치는 연기를 선보입니다.

소냐: 엄마, 나한테 저 캐릭터 장난감 사주면 안 돼?
엄마: 안 돼.

소냐: 왜?

엄마: 벌써 여러 개 있잖니.

소냐: 새로운 버전이란 말야. 그래서 사고 싶어. 아무도 내 거랑
　　　 바꾸려고 하지 않는단 말이야.

엄마: 말도 안 되는 소리 하지 마. 어제 남동생이랑 바꾸는 거 봤어.

소냐: 엄마!! 그건 걔가 좋은 게 뭔지 몰라서 그래. 한 번만······.

엄마: (침묵)

소냐: 엄마? 엄마! 한 번만. 이번 한 번만. 이젠 사달라고 안 할게.

엄마: 알았어, 그럼 10달러 아래로 골라. 시간 없으니까 빨리.

　제이슨의 특기는 하기 싫은 일을 피하는 것입니다. 그런 식의 행동은
온갖 일을 미꾸라지처럼 빠져나가도록 해주죠. 소냐는 원하는 물건을
손에 얻기 위해 징징거리고 애원하는 등 이리저리 부모를 이용합니다.
가장 능숙한 아이들은 이 두 가지 기술을 자유자재로 오가며 사용할 줄
압니다. 아이의 그런 행동 때문에 부모는 아이 키우는 재미를 잃어버리
게 되곤 하죠.

　아이들은 왜 한바탕 소동을 피워야만 목욕을 할까요? 거의 매일 일어
나는 일입니다. 왜 아이들은 금방 마음이 바뀔 거면서 필요하지도 않은
것을 요구할까요? 왜 "안 돼"를 "안 돼"로 받아들이지 못할까요? 왜 항상
부모와 협상하려는 걸까요? 그 답은 긍정적 강화와 부정적 강화를 이해
하면 쉽게 알 수 있습니다. 강화는 가장 자주 인용되지만 가장 잘못 이

해되기 쉬운 개념이고, '선택적 무시' 훈육법의 핵심이기도 합니다. 2장에서는 행동의 이유를 이해하는 데 집중해보겠습니다. 이유를 알면 행동을 바꾸는 게 A-B-C만큼 쉬워지니까요.

행동 수정은 일상에서 반복된다

유명한 심리학자 스키너(Burrhus Frederic Skinner)는, 인간이 하는 행동의 이유를 이해하는 열쇠가 그 행동으로 얻어지는 결과물을 아는 데 있다고 생각했습니다. 행동의 이유, 즉 유인에는 관심, 물질, 원치 않는 상황 회피가 있습니다. 스키너는 행동 직후에 어떤 일이 일어나는가가 그 행동의 반복 여부를 결정한다고 믿었죠.

다시 소냐를 예로 들어볼까요. 예전에도 소냐가 가게에서 장난감을 사달라고 했을 때 엄마가 사준 적이 있었습니다. 엄마는 자신도 모르게 소냐의 행동을 강화한 거죠. 다음 번에 소냐가 또 장난감을 사달라고 시도하도록 말입니다. 밑져야 본전 아닌가요? 장난감을 사달라고 애원하는 방법이 한번 먹혔으니 또 성공할 가능성이 있겠죠. 소냐는 직관적으로 알고 있습니다.

어떤 방식으로든 강화되는 행동은 반복될 가능성이 큽니다. "강화"라는 말을 "강조하다", "굳히다", "힘을 실어주다", "받쳐주다", "다지다"와 동의어라고 생각하세요. 즉 강화한다는 것은 무언가를 더 강하게 만든다는 뜻입니다. 부모가 오히려 아이의 잘못된 행동을 강화한다면 어떨까요? 이건 아이의 바람직하지 못한 행동을 이해하는 가장 중요한 열쇠입니다. 일반적으로 아이의 행동은 아이의 탓이 아니죠. 우리 부모의 탓입니다. 사실 차라리 잘된 일입니다. 부모 탓이라면 부모의 행동을 고치면 문제가 해결될 테니까요. 그러기에 앞서, 긍정적 강화와 부정적 강화의 원리를 자세히 살펴봐야 합니다.

저는 과학적인 방법을 신뢰합니다. 관찰과 실험을 할 수 없으면 의심합니다. 지구가 떠다니는 거대한 공 같다는 사실이 과학적으로 증명되기 전까지만 해도 사람들은 지구가 평평하다고 믿었죠. 과학적인 방법은 가설을 시험하는 실험을 고안해서 이론을 분석하는 것입니다. 저는 제가 하는 일에도 과학적인 증거를 바랍니다. 물론 수년간 다양한 가정과 수많은 아이들을 만나면서 실용적인 지혜는 쌓였지만, 뒷받침해주는 과학이 없다면 '개입'이 효과적인지 알 수 없을 거예요. 저는 아이들의 행동을 개선하는 가장 효과적이고 효율적인 방법을 알아보고자 합니다.

그러니 다시 스키너의 이야기로 돌아가보면, 행동의 학습에 대한 스키너 이론을 "조작적 조건형성(operant conditioning)"이라고 합니다. 스키너는 이 이론을 시험하려고 몇 가지 실험을 고안했죠. 그의 실험에는 쥐와 비둘기가 사용됐지만 저는 가족 코치로 일하며 아이들에게서 똑같은 과정을 목격했습니다. 아이는 행동의 측면에서 빈 서판으로 태어납니다. 아이는 세상의 방식에 대한 지혜가 없죠. 하지만 1장에서 설명한 것처럼, 신생아는 울면 부모가 곧바로 욕구를 충족시켜준다는 사실을 태어나자마자 배웁니다. 부모의 행동은 아기가 또 욕구 충족을 위해 어떤 행동을 할 것인지에 큰 영향을 끼치고요.

상황을 막론하고 모든 행동에는 행동 전에 일어나는 것(선행(Antecedent)의 A), 행동 도중에 일어나는 것(행동(Behavior)의 B), 행동의 결과로 일어나는 것(결과(Consequence)의 C)이 있습니다. 이 A-B-C의 간단한 예를 들어볼까요? 아빠는 메건을 데리고 요양원에 할머니를 만나러 갔습니다(선행). 다섯 살인 메건은 심심하고 곰팡이 핀 과일 냄새가 나는 요양원에 가는 걸 싫어하죠. 요양원에 도착하자마자 메건은 바람직하지 못한 행동을 시작합니다(행동). 대기실에서 장난감을 던지고 소리를 질러 얼굴을 찌푸리게 만들고 화장실의 비누를 마음대로 가져옵니다. "메건, 그만두지 않으면 당장 집으로 돌아갈 거야. 할머니가 속상해하시면 너도 싫지?" 아빠가 참다 못해 말하죠.

하지만 집에 가는 것이야말로 바로 메건이 원하는 일입니다. 메건은 할머니에게 딱히 불만이 없지만 요양원을 벗어나고 싶은 어린아이일 뿐이죠. 메건은 계속 긴장감을 높입니다. 징징대고 소리 지르고 잡아당기고 투덜거립니다. 절로 얼굴이 찌푸려지는 광경이죠. 한 할머니가 중얼거립니다. "망나니가 따로 없구먼." 너무도 곤란한 상황입니다. 메건

가족은 25분도 채 안 되어 요양원을 나서고 얄미운 메건이 또 이겼습니다(결과). 그렇다면 이 아이의 행동 동기는 무엇일까요? 계속 그렇게 굴면 집에 갈 거라는 아빠의 말이 메건의 행동을 결정했습니다. 다음에 요양원을 방문할 때 무슨 일이 일어날까요? 메건은 집을 나서기도 전부터 눈살이 찌푸려지는 행동을 시작하겠죠. 결국 아빠는 메건을 아예 데려가지 않기로 할 거고요. 메건은 이렇게 목적 달성에 성공합니다!

A-B-C 기본원칙

A: 선행(Antecedent): 행동을 촉발하는 방아쇠
B: 행동(Behavior): 징징대기, 불평하기, 협상, 소리 지르기, 울기, 생떼 부리기
C: 결과(Consequence): 긍정적(무언가를 얻거나 무언가를 피할 수 있게 됨) 또는 부정적(혼나거나 벌을 받음)

결과는 아이들이 어떤 행동을 하는 이유를 가장 잘 말해줍니다. 결과에는 약간 부정적인 의미가 함축되어 있지만, 실제로 행동의 결과 또는 영향을 뜻하죠. 결과는 긍정적일 수도 있습니다. 예를 들어서 저는 얼마 전 새로운 이웃에게 가져다줄 브라우니를 만들었습니다. 제 행동의 결과로 이웃은 저를 집 안으로 들어오라고 청하고 딸과 애완견을 소개해 주고 집도 구경시켜줬습니다. 그 후 새로운 이웃 관계가 싹텄죠. 제 행동(브라우니를 만들어 가져다준 것)이 가져온 결과였습니다. 그 행동이 무

척 좋은 결과로 이어졌으므로, 저는 앞으로 새로 이사 오는 이웃이 있으면 분명히 또 브라우니를 구워서 가져갈 거고요. 이처럼, 결과는 행동이 앞으로 또 일어날 것인가와 얼마나 자주 일어날 것인가를 통제합니다. 결과를 이용한 행동 개선 방법은 10장에서 자세히 설명하겠습니다.

앞서 소개한 아이들의 사례를 선행-행동-결과 모델을 이용해서 짚어 보죠. 제이슨은 목욕을 피하고 싶고 소냐는 장난감을 원하고 메건은 요양원에 가고 싶어 하지 않습니다.

상황	선행	행동	결과	무엇이 학습됐는가?
제이슨은 목욕을 해야 한다	엄마가 제이슨에게 목욕할 시간이라고 말한다	집 안을 뛰어다니는 행동	엄마가 오늘은 목욕을 건너뛰기로 한다	엄마의 말을 듣지 않으면 하기 싫은 일을 피할 수 있다
소냐와 엄마가 장난감 가게에 간다	가게 안에 있는 것	장난감을 사달라고 징징대는 행동	엄마가 장난감을 사준다	징징대면 장난감을 손에 넣을 수 있다
메건이 할머니를 보러 간다	심심한 요양원에 있는 것	장난감을 집어던지는 등 말썽부리기	아빠가 집에 돌아가기로 한다	문제 행동 덕분에 가족과의 싫은 외출에서 빠질 수 있게 됐다

메건과 제이슨은 둘 다 뭔가를 피하고자 하지만 소냐는 뭔가를 얻고자 합니다. 바로 긍정적 강화와 부정적 강화의 차이죠. (소냐에게 주어진 것처럼) 부정적 강화는 무언가가 주어져 행동이 강화됩니다. (디저트 추

가나 긍정적 관심처럼) 기쁜 것이 주어질 수도 있고, (큰소리로 혼나기, 부정적 관심처럼) 불쾌한 것이 주어질 수도 있습니다. 메건과 제이슨은 부정적 강화를 경험합니다. 많은 부모가 부정적 강화에 대해 잘못 생각하고 있습니다. 문제 행동을 멈추게 해줄, 유쾌하지 못한 무언가가 제공되는 것이라고 말입니다. 예를 들어 형제자매를 때리지 말라고 소리쳐 혼낸다고 가정해보죠. 이것도 긍정적 강화입니다. 소리를 지르면 관심이 제공되므로 그것만으로 행동이 강화되기에 충분하니까요. 부정적 강화는 어떤 행동으로 원치 않는 일이 제거되는 것을 뜻합니다. 제이슨의 경우 목욕이 취소됨으로써 부정적인 강화가 일어났고, 메건은 요양원에 가지 않게 되었습니다. 즉 부모가 무언가를 없애는 것이 부정적 강화입니다. 제이슨과 메건의 부모는 자신도 모르게 아이가 똑같은 행동을 계속하도록 만든 것입니다.

긍정적 강화: 원하는 것(관심, 음식, 장난감 등)에 제공되어 행동을 장려한다.
부정적 강화: 원하지 않는 것을 없애 행동을 장려한다.

다음으로 넘어가기 전에 자녀의 가장 심한 문제 행동을 떠올려보세요. 한 아이마다 바람직하지 못한 행동을 적어도 네 가지 떠올려 차트에 적어보세요. 종이에 A-B-C를 적어 며칠 동안 가지고 있으면 유용할 거

예요. 아이가 생떼를 부리거나 어떤 식으로든 문제를 일으킬 때마다 차트에 추가합니다. 시간 여유를 갖고 하는 게 매우 중요합니다. '선택적 무시' 훈육법의 단계를 알아볼 때 그 정보가 유용할 테니까요. 결과는 행동이 가져다주는 이익임을 기억하세요. 행동의 기능을 알면, 9장에서 살펴볼 바람직한 행동에 대한 보상 방법을 이해하는 데 도움이 됩니다.

행동을 분석할 때 몇 가지 질문을 떠올리면 문제가 명료해지죠. 우선 행동이 보통 언제, 어디에서 일어나는지 생각합니다. 얼마 전에 한 엄마가, 다섯 살배기 딸아이가 아침마다 힘들게 한다고 도움을 청해왔습니다. 아이가 옷 입기를 거부한다는 거예요. 그 행동이 언제 일어났을까요? 아침입니다. 어디에서? 아이의 방에서요. 행동을 일어나는 시간과 장소를 알면 앞으로 엄마가 아이의 행동을 무시하는 데 도움이 됩니다. 가끔 아이들이 특정 가족 구성원의 말만 안 들을 때도 있어요. 그렇다면 문제 행동을 할 때 옆에 누가 있는지 생각해보세요.

예를 들어 한 가정에서 아빠가 마음 약한 쪽이라고 가정해보죠. 아빠는 딸이 울 때마다(심한 감정 격분일 때도) 속상합니다. 딸을 안고 달래주려고 하죠. 하지만 그 순간에 주어지는 관심과 애정은 딸이 앞으로도 울음을 이용하도록 만들 뿐입니다. 따라서 아이의 우는 행동은 아빠가 옆에 있을 때 일어납니다. 어떤 아이들은 형제자매가 옆에 없을 때는 천사처럼 굴죠. 관심 끌기 또는 부정적 행동 이전에 일어나는 행동이 있는지도 생각해보세요. 아이들은 부모에게서 보모로 넘겨질 때나 보모에게서 다시 부모에게로 넘겨지는 과정을 힘들어하기도 합니다. 그래서 그 변화가 문제 행동을 일으킬 수도 있죠.

제 아이들은 할머니, 할아버지 댁에 다녀오고 나면 그렇게 말썽을 부립니다. 징징거림과 불평불만이 최고로 심해지죠. 할머니, 할아버지가 문제인 것은 아니에요. 단지 할머니, 할아버지 집에서의 법칙이 집에서와 크게 다른 것뿐이죠. 으레 그렇듯 할머니, 할아버지와 있으면 아이들에게는 평소보다 훨씬 많은 면죄부가 허용되니까요. 다시 집으로 돌아와 적응하려면 힘들 수밖에 없겠죠.

신경 끄고 무시하라는 이유를 아직도 모르겠어요!

장담하건대 행동을 바꾸는 것은 간단합니다. 이익(결과)을 제거하면 행동이 저절로 사라집니다. 정말 획 사라져요! 그만큼 간단한 일입니다. 도움을 청하러 찾아오는 부모들에게 행동을 바꾸는 방법을 제안하면 대개는 "효과 없을 거예요"나 "벌써 해봤어요"라는 반응이 돌아오죠. 이 책을 읽는 부모님들의 머릿속에도 비슷한 생각이 맴돌 수 있고요. 하지만 틀린 생각입니다. 저를 찾아오는 부모님들은 돈을 지불하고 도움을 받는 것이니 의심이 들어도 일단은 하라는 대로 하고 본답니다. 보통은 그 의심이 잘못된 것이었음을 깨닫고 나중에 인정하시곤 했지요.

　앞서 말한 것처럼 어떤 식으로든 보상이 이루어지는 행동은 반복되게 되어 있습니다. 다행히 모든 행동이 반복되는 것은 아니죠. 효과적이지 않은 행동은 기적처럼 사라집니다. 부모가 자녀의 행동을 강화하지 않으면, 그 행동은 사라지거나 놀라울 만큼 최소한으로 줄어듭니다. 얻는 것도, 피할 수 있는 것도 없으면 아이들은 다른 행동 방안을 찾기 마련이죠. 제이슨은 집 안을 뛰어다니는 행동으로 목욕을 피할 수 없다면 그만둘 거예요. 소냐 역시 애원하고 징징거려도 장난감을 사주지 않으면 그만하겠죠. 아이들은(그리고 부모와 개, 고양이, 심지어 쥐마저도) 원하는 결과를 가져다주지 않는 행동에 시간을 낭비하고 싶어 하지 않아요. 목적을 달성해주지 못하는 행동은 그만두게 되어 있죠. 이것이 소거(extinction)의 원리입니다.

　소거: 조건 반응을 강화하지 않음으로써 제거하거나 줄이는 과정

　소거의 개념은 강화하지 않음으로써 조건 반응을 제거하거나 줄이는 과정입니다. 도대체 무슨 뜻일까요? 조건화(conditioning)는 아이들이 시간을 두고 배운다는 뜻입니다. 아이가 행동하면 부모는 반응하죠. 이 과정이 계속 반복되면 아이는 조건화됩니다(파블로프의 개를 떠올려보세요). 하지만 반응이 바뀌면 행동도 바뀌죠. 부모가 아이의 부적절한 행

동에 평소 보이던 반응을 멈추면 행동이 소거됩니다. "소거"는 문자 그대로 아예 사라진다는 뜻이죠.

어릴 때 레아 언니는 사전에 나오는 어려운 단어로 저를 놀리며 괴롭히곤 했습니다. 특이한 방법일 수도 있지만 어쨌든 효과적이었죠. 매번 먹혔으니까요. 언니가 "넌 "평균 이하"야"나 "넌 "경박"해"라고 말할 때마다 저는 엄마에게 달려가 소리쳤죠. "엄마, 언니가 또 나더러 경박하대!" 하지만 무슨 뜻인지도 몰랐어요. 언니는 제 반응을 끌어낼 수 있다는 사실을 무척 좋아했죠. 제가 짜증나게 굴면(선행) 언니는 어렵고 거창한 말로 저를 놀렸고(행동) 저는 매번 엄마에게 큰 소리로 일러(결과) 언니의 행동을 강화한 거죠. 결국 저도 자라서 사전을 이용할 줄 알게 됐고 언니의 말에 제가 더는 영향을 받지 않자, 언니의 행동도 멈추었습니다. 행동이 소거된 거죠.

또 다른 보기가 있습니다. 제 친구는 딸이 다른 방에서 뭐가 필요하다고 소리치는 걸 싫어합니다. 저는 친구에게 딸이 소리칠 때 어떻게 했는지 물어봤죠. 친구도 소리쳐 대답했다고 했습니다. 저는 매번 반응해주니까 딸이 계속 다른 방에서 소리치는 것이라고 말해줬어요. 딸이 다른 방에서 소리칠 때마다 무시하라고 했죠. 한 공간에 있거나 집에 불이 나지 않은 이상 못 들은 척하라고요.

친구는 딸이 외치는 소리를 그냥 듣고 있을 자신이 없어 처음에는 망설였습니다. 하지만 제 당부를 받은 후 딸이 다른 방에서 소리쳤을 때 무시했죠. 딸은 엄마가 못 들은 줄 알고 더 큰 소리로 말했습니다. 계속 더 크게 외쳤죠. 결국 엄마가 있는 곳으로 와서 "엄마, 내 말 못 들었어?"라고 물었답니다. 친구는 웃으며 "들었어. 다른 방에서 소리치면 내가 싫어하는 거 알잖니. 이렇게 와줘서 고맙구나. 그래, 뭐가 필요해?"라고 대답했죠. 그렇게 문제가 해결됐습니다. 딸은 그 후 며칠 동안 다른 방에서 소리치는 것을 계속했지만, 아무런 반응을 끌어내지 못하자 결국 그만두었답니다. 아무도 관심을 주지 않는데, 집 안에서 크게 소리치고 싶은 사람이 있을까요?

동물의 사례로 한 가지 예를 더 들어보겠습니다. 우리 가족은 애완견 노마를 들인 뒤 울타리 훈련을 시키기로 했어요. 밤에 울타리(우리)에 넣어두고 아침까지 자도록 했죠. 개들은 잠자는 곳에 배변하는 것을 좋아하지 않으므로(사람도 마찬가지이고) 이 방법으로 배변 실수를 예방할 수 있습니다. 어쨌든 처음 울타리에 집어넣었을 때 노마는 좋아하지 않았어요. 문을 긁으며 짖었고 그 모습을 보는 저도 가슴이 아팠습니다. 저는 노마가 짖을 때마다 가서 울타리를 세게 두드리며 울음소리를 반기지 않는다는 사실을 알려줬죠. 하지만 효과가 없었습니다. 노마는 제가 오는 것이 좋아서 계속 짖었죠. 결국 계단을 오르락내리락하며 혼내러 가기가 힘들어 저는 그냥 무시했습니다. 노마는 바보가 아니기에, 아무리 짖어봤자 제가 오지 않는다는 사실을 금방 깨달았죠. 얼마 후 짖는 것을 멈추고 잠들었습니다. 다음 날 밤 울타리 안에 집어넣자 또 낑낑거렸죠. 하지만 제가 무시하자 몇 분 만에 멈추었습니다. 사흘째 되는 날 밤에는 우리에 넣어도 전혀 짖지 않았고 오히려 좋아하기 시작했죠. 이제 낮에 문이 열려 있으면 안에 들어가서 휴식을 취합니다. 행동 소거의 완벽한 본보기입니다. 저는 관심을 줄 때마다 노마의 행동을 강화한 것이었죠. 화를 냈고 특별히 다정하게 굴지 않았는데도 말입니다. 관심을 거두고 무시하자, 아무리 개라도 노마는 짖는 행동을 계속할 이유가 없음을 깨달았습니다. 단언하건대 우리 아이들은 우리 집 개보다 훨씬 더 똑똑합니다.

노마 이야기를 꺼낸 이유는, 이 과정이, 일관되게 따르기만 한다면 항상 행동 제거라는 수확을 올리게 해준다는 사실을 강조하고 싶어서였습니다. 그동안 아이가 (보라색 양말을 신는다고 했다가 또 분홍색 양말을 신겠다고) 심하게 떼쓸 때 관심을 줬다면, 이제부터 아예 관심을 거두면 떼쓰기가 아이에게 주는 보상이 크게 줄어듭니다. 무시하면 아이는 양말을 갈아 신을 기회도, 30분의 협상도 얻지 못하죠. 따라서 떼를 써봤자 소용없다고 느낄 거예요.

중요한 내용을 다시 짚어볼까요?
1. 강화되는 행동은 반복된다.

2. 부정적인 반응을 일으키는 행동도 반복된다. 모든 관심이 보상이기 때문이다.

3. 행동의 동기에는 크게 두 가지가 있다. 무언가를 얻기 위해서와 무언가를 피하기 위해서다.

4. 강화되지 않는(즉 무시되는) 행동은 약해진다.

저는 가정을 방문해 관찰할 때 튀지 않도록 가구와 어우러집니다. 상황을 정확히 파악하기 위해 가족 간 힘겨루기에 개입하지 않으려고 하죠. 아이들은 곧바로 제 존재를 잊어버립니다. 다른 방에서 귀 기울일 때도 있죠. 첫 전화 상담에서 아이와의 가장 힘든 시간이 언제인지 묻습니다. 항상 아침 시간과 오후 4시에서 저녁 식사시간 사이라는 대답이 많습니다. 모든 가정에서 같은 패턴이 관찰되죠. 저녁 식사 시간쯤 되면 많은 부모가 지칠 대로 지쳐 있어요. 완전히 기운이 빠져버립니다. 말 안 듣는 아이를 상대할 수 있는 상태가 아니죠. 이미 온종일 직장에서 일하고 왔거나 또 온종일 아무런 도움 없이 혼자 아이들을 돌봤겠죠. 그러니 저녁 시간 즈음 되면 마법에 홀린 듯 기이한 일들이 일어납니다.

제가 모든 가정에서 목격하는 패턴은, 부모가 아이에게 소리를 지른다는 겁니다. 아무리 소리 질러도 효과가 없으면 역시나 별로 바람직하지 못한 비꼬기가 등장하죠. 어떤 부모들은 말 안 듣는 아이에 지친 나머지 자신도 모르게 조롱하거나 잔인하게 굴기도 합니다. 또 어떤 부모들은 그냥 포기하죠. 매번 싸울 수 없으니 훈육을 아예 포기하고 자녀의 요구에 항복합니다. "알았어. 〈헝거 게임〉 봐", "알았어. 마약 밀수와 살인을 일삼는 독재자를 암살하는 비디오 게임 해", "알았어, 테이저 총으로 동생을 쏴"라고 말이죠. '선택적 무시' 훈육법은 부모의 소리 지르기를 없애줍니다. 협상도 사라지죠. 항복할 필요도 없어지고요. 언성을 높이거나 짜증을 내거나 지칠 대로 지쳐 부모로서 해야 할 올바른 행동을 포기하는 일이 자주 있다면 '선택적 무시'가 삶을 바꿔줄 거예요.

그 기적이 일어나려면 얼마나 걸릴까요? 거의 바로 가능합니다. 보통 아이들은 더 강화되지 않으면 며칠 만에 문제 행동을 멈추니까요. 잠깐…… 정말 며칠 만에 가능하다고요? 그렇습니다. 며칠이면 됩니다. 학교로 아이를 데리러 가는 길이 두 가지가 있다고 해보죠. 한 곳은 항상심하게 막히고 신호등도 많아요. 나머지 길은 좀 더 멀지만 막히는 일이 거의 없어 결과적으로 더 빠르죠. 신호등 많고 교통체증 심한 길로 가지 않겠다고 결정하기까지 얼마나 걸리나요? 시간이 걸리지도 않습니다. '선택적 무시'도 마찬가지입니다.

이제 아이에게 신경 끄고 무시하는 방법을 배울 준비가 됐습니다. 본격적으로 시작해볼까요? 소거와 행동 수정이라는 개념은 집단 괴롭힘에 관한 흥미로운 연구에서 사용됐습니다. 집단 따돌림 행동이 또래 집단에 의해 강화되는 경향이 많아서, 연구자들은 괴롭히는 사람이 얻는 사회적 관심이라는 이득을 제거한 반(反) 집단 따돌림 프로그램을 고안

했습니다. 교사와 학생들이 따돌림 행동을 강화하지 않으면 집단 따돌림이 줄어들 것이라는 가설이었죠. 학교는 아이들에게 집단 따돌림 행동(피해 학생의 불평하거나 징징거리는 행동, 가해 학생의 환호하거나 웃음을 터뜨리는 행동 등)을 목격할 때 전혀 반응하지 말라고 가르쳤어요. 징징대거나 불평하거나 환호하거나 웃거나 하는 반응을 전혀 하지 말라고요. 대신 문제 행동을 집단 따돌림으로 인식하고 한 손을 들어 "안 돼"라고 말한 후 자리를 뜨라고 했죠. 방관자들도 똑같이 행동하되 괴롭힘당하는 학생이 자리를 벗어날 수 있도록 도와주라고 가르쳤습니다. 그러자 놀라운 결과가 일어났죠. 집단 괴롭힘 행동이 줄었고 그 행동을 지지하는 방관자도 줄어들었어요. 환경만 다를 뿐 똑같은 개념입니다. '선택적 무시'는 같은 효과를 발휘합니다.

TIP BOX
꼭 기억하기

- 어떤 식으로든 강화되는 행동은 반복된다.
- 소거는 강화하지 않음으로써 조건 반응을 제거하거나 줄이는 과정이다.
- 반응이 바뀌면 행동도 바뀐다.

어떤 행동을
신경 끄고 무시해야 할까?

Ignore What?

아이의 행동을 한시라도 빨리 '무시'하고 싶어 몸이 근질거리시나요? 저도 덩달아 흥분되네요. 하지만 시작하기 전에 '무시'해도 되는 것과 절대로 '무시'하면 안 되는 것을 분명히 하고자 합니다. 거슬리고 좌절 감을 느끼게 하는 행동 가운데는 무시해야 할 것들이 많습니다. 하지만 이 책은 아이가 찻길에서 놀고 있는데도 발을 쭉 뻗고 한가로이 잡지를 읽어도 된다는 초대장이 아니에요. '선택적 무시' 훈육법은 '선택적 무시'라는 개념을 가르칩니다. 그저 아이를 무시하는 것처럼 보일 뿐, 사실은 아이의 행동을 예의주시하는 거죠. 그러다 아이의 행동이 바뀌자마자 곧바로 다시 개입하고요. 4장에서 다시 자세히 다룰 예정입니다.

저는 가족 코치로 일하면서 부모들이 가족의 삶을 개선하는 데 무척 적극적이라는 사실을 깨달았습니다. 하지만 원하는 변화를 끌어내려는 그들의 개입은 거의 실패하죠. 제가 제안하면 "아, 그 방법은 벌써 써봤는데 효과가 없었어요"라고들 합니다. 거짓말이 아니에요. 어딘가에서 읽거나 배운 기법을 정말로 실행해봤을 테니까요. 실패 원인은 세부 사항에 있었습니다. 저는 한 가정과 작업할 때 2주 동안 매일 전화나 이메일로 추적을 합니다. 새로운 기법을 실행하려면 배우는 데 걸리는 시간이 필요하니까요. 보통은 현실에 직면해야만 하는 순간이 찾아옵니다. 기법이 시험에 놓이는 순간이죠. 그 지점에 이르러 부모들은 허둥지둥하다 그동안의 힘든 노력과 좋은 의도를 무효로 만들어버리는 선택을 하기도 합니다. 준비와 지지가 조금만 있어도 실수를 막을 수 있습니다.

'무시'해도 되는 행동이 너무 많으니 무시하면 안 되는 행동으로 시작하는 게 좋겠네요. 강화의 직접적 결과로 생기는 행동만 무시할 수 있습니다. 이익이 제공되는 행동은 반복될 가능성이 큽니다. 반대로 강화되지 않거나 이익이 인지되지 않는 행동은 반복되지 않을 가능성이 작죠. 그것이 소거의 토대를 마련해줍니다. 하지만 어떤 강화도 없이 자연적으로 일어나는 행동도 있죠. 그런 행동을 무시하면 불리한 점이 있을 수 있답니다. 아이가 아프거나 무서워서 우는 것이 한 예입니다. 모든 울음은 똑같지 않죠. 악어의 눈물(거짓된 감정 표현)을 말하는 게 아닙니다. 거짓된 감정 표현은 무시해도 됩니다. 하지만 실제 고통으로 인한 울음은 무시하면 안 됩니다. 신체적이거나 심리적인 고통을 모두 포함하고, 그 어느 쪽도 무시하면 안 됩니다. 실제적인 감정의 표현은 이전의 강화에 대한 반응으로 나오지 않으므로 무시하지 않습니다. (물론 예외도 있습니다. 뒤에 설명하겠습니다.)

지금까지 제시한 사례 대부분에서 부모가 아이의 행동에 이익을 제공합니다. 아이가 원하는 관심을 주죠. 장난감을 사달라고 조르는 아이는 솔직히 짜증을 불러일으킵니다. 하지만 가끔 아이들은 보상이 부모에게서 나오지 않는 행동을 보이기도 하죠. 보상은 내적일 수도 있어요. 예를 들어 폭식이 있습니다. 아이들은 (물론 어른들도) 음식으로 얻는 이익이 있기에 폭식을 하죠. 인간은 감정을 느끼는 대신 뭔가를 먹습니다. 배불러도 몸에 귀 기울이지 않고 계속 먹습니다. 대부분 사람이 폭식하는 이유는 부모나 친구의 관심이나 보상을 받을 수 있기 때문입니다. 따라서 이럴 때 문제에 신경 끄고 무시한다고 해결되지 않습니다. 내적 보상이 따르는 행동은 무시하면 안 됩니다.

또한, 혼자 남겨지는 것이 목적인 행동도 무시하면 안 됩니다. 아이가 과자를 먹고 싶어 한다고 가정해보죠. 부모가 과자를 달라는 아이의 말을 거절합니다. 다음에 아이는 과자를 달라고 했다가 거절당하는 대신 그냥 몰래 먹는 게 낫겠다고 생각할 수 있죠. 이 교활한 행동은 무시되어서는 안 됩니다. 교활한 행동을 무시하면 계속하라고 격려하는 꼴이 됩니다. 그런 행동을 하고도 그냥 넘어갈 수 있다는 것도 내적 보상이 되고요.

불법에 해당하는 행동도 무시하면 안 됩니다. 공공기물 파손, 도둑질, 폭행은 모두 신중하게 다루어야 해요. 심한 폭력을 포함해 자녀의 위험한 행동 발작은 절대로 무시하면 안 됩니다. 형제자매를 학대하는 행동도 마찬가지죠. 학대받는 아이의 반응이 학대를 가하는 아이의 행동을 강화할 뿐만 아니라, 부모가 알고도 무시하는 것은 윤리에 어긋나니까요. 심한 폭력성을 보이는 자녀가 있다면 정신 건강 전문가의 치료를 권합니다. 이 책에서 설명하는 행동 수정을 활용해도 되지만, 전문가의 감시가 따르는 치료가 더욱 안전하고 성공적일 거예요.

'선택적 무시'는 자폐증과 주의력 결핍 과다행동 장애를 포함해 여러 발달 장애와 정신 건강 관련 진단을 받은 아이들에게도 성공적으로 사용할 수 있습니다. 하지만 자해 행동을 보이는 아동은 심한 피해를 막기 위해 특별한 개입이 필요합니다. 아이가 머리를 부딪치고 과도한 힘을 쓰고 물고 긁고 하는 행동에는 여러 이유가 있을 수 있죠. 특별한 관심을 받으려고 하는 행동이라면 이 책이 도움이 될 거예요. 하지만 (고통의 감소, 자기 위로, 절망, 감각 신경 결핍 등) 여러 다른 이유에서 하는 행동이라면 절대 무시하지 말고 근본 원인을 분석해야 합니다.

무시하면 안 되는 행동 유형이 하나 더 있습니다. 저는 가정을 관찰할 때마다 항상, 부모가 바람직한 행동에 긍정적인 피드백을 주는 것보다 행동을 바로잡으려는 관심(그만해, 안 돼, 하지 마)과 잔소리를 보이는 경우가 훨씬 많다는 사실을 발견합니다. 중요한 것은, 아이들이 얌전하게 굴 때보다 문제를 일으킬 때가 더 많다는 사실이 아닙니다. 끽끽 소리를 내는 바퀴가 기름을 얻는다는 것이 문제입니다. 안타깝게도 부모들은 자신도 모르게 아이의 행동을 소거하죠. 행동에 따르는 이익을 없애면 행동이 멈춘다는 사실을 기억하세요. 지금까지는 바람직하지 못한 행동에 부정적 관심을 제공하는 것에 대해 주로 이야기했습니다. 하지만 아이가 매우 바람직한 행동을 했을 때 긍정적 강화를 해주지 않는 경우도 많습니다. 사전에 계획하거나 의도적인 일이 아니죠. 그냥 자연스럽게 일어나는 일입니다. 긍정적 피드백이 일관되게 주어지지 않으면 아이는 (쓰레기 내다 버리기, 방 청소, 예의 바른 행동 등) 하기 싫은 과제가 가치 없다고 여겨 그만둘 수도 있죠. 바람직하지 않은 행동을 강화하지 않는 방법을 배운 뒤 바람직한 행동을 강화하는 방법도 차차 알려드리고자 합니다.

드디어, 신경 끄고 무시해도 되는 행동

부모들은 그들을 미치게 만드는 자녀의 행동을 다섯 가지 대보라고 하면 좀처럼 흥분을 감추지 못합니다. 겨우 다섯 가지요? 열 개, 열한 개,

열두 개, 열세 개, 아니 마흔 개는 안 될까요? 일반적으로 여기에 속하는 행동은 무시해도 되는 것들입니다. 예를 들어 다음처럼 이상한 소리를 내는 행동이 있죠.

삐삐삐삐삐

부우웅

찌찌찌찌

슈릅슈릅

랄랄랄랄랄

히피 이피 카지피 매피피 플라디피

이 괴상한 조합의 말이, 분필로 칠판 긋는 머리털을 곤두서게 만드는 소리처럼 나온다고 생각해볼까요. 분명 당신은 순간 화가 치밀어 소리치겠죠. "그만해! 거슬려!"라고요. 곧바로 아이는 이 방법이 효과적임을 깨닫습니다. 그래서 계속하죠. 그러니 아무 쓸모도 없고 짜증을 돋우는 소리, 과도한 흥얼거림, 휘파람 소리, 아기 흉내 소리는 무시해도 됩니다.

짜증을 돋우는 행동도 무시해야만 하죠. 그런 행동을 무시해도 되는 이유가 두 가지 있습니다. 우선 관심을 끌려는 행동이라면(즉 반응을 얻으려는 행동이라면) 무시해서 없앨 수 있으니까요. 전형적인 행동 소거죠. 무시해야 하는 또 다른 이유는, 아이가 짜증을 돋우는 행동이라는 사실을 모를 수도 있기 때문입니다. 그런 경우 야단친다면, 관심으로 행동을 강화하는 것이 아니라 영문도 모르는 채 아이의 자존감만 낮아집니다. 아이에게도 부모에게도 좋을 것이 없으므로 전부 무시합니다.

아이가 드라마의 여왕 또는 왕인가요? 무엇이든 엄청나게 과장하는 아이 말입니다. 무슨 일이건 다 중요하고 급한 것처럼 굴며 드라마를 찍곤 하죠. 1분 전까지만 해도 굶어 죽을 것처럼 굴더니 금방 신나서 뛰어다닙니다. (자주) 큰 소리로 울고 불평하고 터무니없을 정도로 과장된 행동을 하죠. 살짝 긁히거나 멍들어도 엄청난 관심과 일회용 밴드, 얼음찜질을 요구합니다. 뜻대로 되지 않을 때마다 "아무도 날 사랑하지 않아", "엄마, 아빠는 나에게 너무해"라는 타령을 시작하고, "난 죽을 거야"라는 식으로 나오기도 합니다. 드라마의 여왕과 왕들은 원하는 것을 얻으려고 감정을 이용해 부모를 조종합니다. 부모는 아이의 감정이 폭발하는 간담 서늘한 상황을 피하고자, 미리 아이가 원하는 것을 계산하거나 항복하죠(대개 한 번 거절한 후에 번복). 안 된다고 했다가 된다고 하는 부모의 행동이, 아이가 원하는 답을 얻을 때까지 밀어붙이게 만든다는 사실을 잘 알 거예요. 극적인 과장이 심한 아이라면 신경 끄고 무시해도 됩니다. 과장되거나 극적인 행동은 무시하세요.

징징거리기는 아이들이 가진 또 다른 초능력이죠. 대부분 지시를 받거나("방 치워") 요청을 거절당한 직후에 시작됩니다. 징징거리는 소리는 아이마다 다르지만 일반적으로 긴 고음의 끔찍한 소리죠. 징징거리기의 목적은 단 하나, 부모를 지치게 만드는 겁니다. 아이들이 징징거리는 이유는 실용적이기 때문이에요. 신통하게도 잘 듣죠. 가끔만 효과적이라도 상관없습니다. 이를 간헐적 강화라고 하는데, 어쨌든 강화이기 때문입니다. 하지만 간헐적 강화가 일으키는 행동은 일관적으로 강화되는 행동보다 더 높은 비율로 일어나고, 소거에도 저항력이 강합니다. 징징거리는 행동으로 원하는 결과를 얻지 못하더라도 관심을 얻을 수 있죠. 협상의 원리도 똑같습니다. 따라서 징징대거나 협상하거나 불평하는 행동은 무시해야 합니다.

간헐적 강화는 이따금 강화되는 행동을 가리킨다. 이것은 행동이 가끔은 원하는 결과를 가져다주기도 한다는 사실을 아이에게 가르쳐준다. 물론 원하는 결과를 얻지 못할 때도 있지만 가끔은 희망이 있다. 따라서 간헐적으로 강화되는 행동은 변화에 있어 더 저항력이 강하다.

기 싸움은 미국과 러시아의 협상과 비슷하죠. 양쪽 모두 한 치의 양보도 없이 반드시 이기려고 하니까요. 10대 청소년들이 특히 기 싸움에 강합니다. 그들의 끈기와 투지는 비할 데가 없죠. 하지만 유아는 이 싸움에서 부조리함을 이용합니다. 자녀의 나이에 상관없이 기 싸움에서는 부모도 자녀도 승자가 될 수 없죠. 부모가 언쟁을 시작하는 순간 아이의 행동에 관심을 주는 것이니까요. 따라서 언쟁이 생길 때마다 기 싸움이 시작됩니다. 게다가 언쟁은 기진맥진하게 만들고 상처가 되는 말이 나오기도 하죠. 싸움에 개입하지 말고 무시하세요. 아이가 계속 조르고 들볶는 행동도 부모의 "안 된다"는 말을 받아들이지 않는 방법입니다. 부모의 마음을 바꾸려고 계속 조르고 묻고 애원하는 행동을 무시하세요.

실제 신체적 또는 심리적 고통으로 아이가 울 때는 무시하면 안 된다고 앞서 말씀드렸지요. 하지만 가짜 울음은 무시해야 하니다. 그렇다면 거짓된 감정 표현을 어떻게 알 수 있을까요? 우선 눈물이 나오지 않는다면 가짜입니다. 누군가 보거나 개입할 때 울음이 심해지는지 살펴보세요. 진정하다가도 (조종할 수 있는) 어른이 다가오면 발작적인 울음이 다시 시작됩니다. 아이가 진정한 후에 아이의 감정에 대해 알아보는 것은 괜찮지만, 거짓 눈물에는 관심을 주지 마세요.

부모의 취약점을 꿰뚫는 아이들도 있죠. 제가 아는 어떤 엄마는 예의 없는 아이들을 절대로 두고 보지 못합니다. 아이들이 말대꾸만 해도 욱하죠. 아들들은 그 사실을 잘 알고 그녀의 화를 악화시키는 데 이용합니다. 엄마를 상처 주기 위해 욕설을 하고 못되고 모욕적인 말을 합니다.

"엄마는 진짜 뚱뚱하고 못생겼어. 아무도 엄마를 사랑하지 않을 거야. 평생!"

"엄마가 만든 요리는 정말 맛없어."

"난 엄마가 싫어. 다들 엄마를 싫어해."

"엄마는 세상에서 가장 못된 엄마야."

아이들이 정말 감정을 담아서 하는 말이 아니더라도 충분히 상처가 되는 말들입니다. 자녀가 부모의 불안한 심리를 이용하면 부모는 상처 받습니다. 반응하지 않을 수가 없죠. 하지만 반응하면 안 됩니다. 부모를 상처 주려고 일부러 하는 욕이나 충격적이고 무례한 발언은 모두 무시해야 합니다.

구구글에서 '분노 발작'(tantrum, 분노 발작, 감정 격분을 뜻하지만 일반적으로 아이의 생떼 부리는 행동을 가리킨다-옮긴이)을 치면 1,970만 개가 넘는 결과가 나옵니다. 분노 발작에 대한 초점과 지식이 커지면서 자녀를 더 효과적으로 무시하는 방법을 배우는 부모들도 있고요. 하지만 제 경험에 따르면 부모 대부분은 분노 발작을 전부 다 무시하지 않습니다(따라서 간헐적 강화가 이루어지죠). 특히 슈퍼마켓이나 스타벅스 같은 공공장소에서 일어나는 분노 발작은 더욱 무시하기가 힘듭니다. 하지만 부모가 반응할 때마다 아이들은 그 행동을 원하는 것을 얻는 수단으로 활용하는 법을 배우죠. 분노 발작은 모조리 '선택적 무시'로 대처해야 합니다.

다음은 무시하기가 가장 힘든 행동입니다. 솔직히 말하자면 저 역시 장면이 상상되어 글로 쓰기조차 힘들 정도예요. 바로 자유자재로 구토하는 행동입니다. 어떤 아이들에게는 그런 능력이 있죠. 그 행동이 나오는 순간 부모에게는 게임 끝입니다. 어디가 아파서 토하는 게 아니라 구토를 조종의 형태로 이용하는 패턴입니다. 아마 극심한 분노 발작으로, 우연히 구토가 일어나면서 시작됐을 거예요. 부모가 곧바로 달려오고 아이에게 유리한 쪽으로 싸움을 끝내준 그 행동은, 곧바로 패턴으로 굳어집니다. 아이가 일부러 토하면 항복하지 말고 무시하세요. 아이가 진정한 후에 치우면 됩니다. 무시에는 절대적인 무반응이 중요합니다. 4장에서 강조하겠지만 여기에서도 분명히 하고자 합니다.

다음 표에는 무시해도 되는 행동과 무시하면 안 되는 행동이 요약되어 있습니다. 무시해도 되는 행동인지 파악하는 방법은 4장에서 더 자세히 알아보겠습니다.

무시해도 되는 행동	무시하면 안 되는 행동
거짓 울음(눈물이 나지 않는 울음)	공공기물 파손
분노 발작	도둑질
충격적인 발언	교활한 행동
관심 끌려고 하는 욕설	두려움, 고통, 심리적 괴로움으로 인한 울음
의도적인 구토	극단적이고 위험한 행동
징징댐	혼자 남겨지게 만드는 행동
들볶기	자해 행동
계속 조르기	폭식
애원	범죄 행동
협상	바람직하고 적절한 행동
관심 끌기 행동	
무례한 발언	
기 싸움	

- 강화의 직접적 결과에 따른 행동만 무시한다.
- 아이에게 내적 보상이 따르는 행동은 무시하면 안 된다.
- 혼자 남겨지려고 말썽 부리는 행동은 무시하면 안 된다.
- 불법이거나 아이나 누군가에게 위험을 초래하는 행동은 무시하면 안 된다.
- 신경을 거슬리게 하는 행동은 무시해야만 한다.
- 거짓 눈물과 극적이고 과장된 행동은 전부 무시한다.

PART

02

'선택적 무시'
이렇게 해야 한다

아이는 징징거리고 울고 협상하면 원하는 것을
얻을 수 있다는 사실을 아기 때부터 배웠다.
아이와 협상한다면 이겨도 이기는 게 아니다.

'선택적 무시'
어떻게 시작할까?

How Do I Get Started?

에이미는 두 아들을 생일파티에 태워다 줘야 합니다. 자동차 시동을 켜는 순간 그녀가 좋아하는 엘튼 존(Elton John)의 노래 〈모나리자와 모자 장수(Mona Lisa and Mad Hatters)〉가 흘러나옵니다. 그녀는 아이들에게 자신이 좋아하는 노래라고 설명한 뒤 "이 노래가 끝나면 너희들이 좋아하는 키즈 밥(Kidz Bop, 아이들이 부르는 최신 유행곡이 수록되는 앨범 브랜드-옮긴이) 틀어줄게"라고 말하죠. 라디오가 모두를 위한 것이라는 사실을 가르쳐주려고 합니다. 하지만 엄마의 말이 끝나자마자 (첫째) 찰리가 불평하기 시작하죠. "왜 기다려야 되는데?" 에이미는 침착하려고 애쓰며 말합니다. "엄마가 좋아하는 노래니까 끝까지 들을 거야."

그러자 찰리가 소리칩니다. "으악! 노래 완전 이상해! 꺼! 빨리!" 노래가 중간에 이를 때까지 아이와의 언쟁이 계속되자 에이미는 더는 견딜 수 없어 찰리를 보며 화난 얼굴로 말합니다. "알았어. 자, 네가 좋아하는 음악 틀었어. 됐지?" 에이미는 키즈 밥이 부른 숀 멘데스(Shawn Mendes)의 〈스티치(Stitches)〉 볼륨을 높이며 혼잣말로 욕설을 내뱉습니다. 바람 빠진 샌드백이 된 기분이겠죠. 반면 찰리는 환한 웃음을 짓습니다. 찰리가 이겼다는 사실을 모두가 알고 있죠.

자, 에이미가 '선택적 무시' 훈육법을 배우면 차 안의 풍경이 어떻게 바뀔지 한번 살펴볼까요? 에이미는 두 아들을 생일파티에 태워다줘야 합니다. 자동차 시동을 켜는 순간 그녀가 좋아하는 엘튼 존의 노래 〈모나리자와 모자 장수〉가 흘러나오죠. 그녀는 아이들에게 자신이 좋아하는 노래라고 설명한 후 "이 노래 끝나면 너희들이 좋아하는 키즈 밥 노래 틀어줄게"라고 말합니다. 라디오가 모두를 위한 것이라는 사실을 가르쳐주려고 하죠. 하지만 엄마의 말이 끝나자마자 (첫째) 찰리가 불평하기 시작합니다. 에이미는 아무 말도 하지 않고 찰리를 무시합니다. 이미 설명을 해줬기 때문이죠. "왜 지금 들으면 안 되는데?" 찰리가 묻습니다. 에이미는 찰리의 말을 들었지만 계속 무시합니다. 좋아하는 노래를 속으로 따라부르고 있죠. "으악! 노래 완전 이상해! 꺼! 빨리!" 에이미는 찰리가 아니라 노래에 집중합니다. 체념한 찰리는 조용하게 앉아 있죠. 노래가 끝나자 "이제 노래 틀어줄 거야?"라고 묻네요. 에이미는 "물론이지"라며 키즈 밥의 노래를 틀어줍니다. 찰리는 좌석에 등을 기대고 앉아 키즈 밥이 부른 숀 멘데스의 〈스티치〉를 웃는 얼굴로 따라 부릅니다. 에이미도 미소 짓고요. 언쟁과 불평이 엄마의 계획을 바꿀 수 없다는 사실을 찰리가 방금 배웠기 때문입니다. 다음에 차 안에서 에이미는 자신이 좋아하는 노래가 끝나면 라디오 채널을 바꿀 것이라고 말합니다. 찰리는 고개를 끄덕이며 동생과 놉니다. 아무 문제도 일어나지 않네요.

1부에서는 '선택적 무시'에 필요한 기초를 닦았습니다. 이 기법을 배우기 전에 관련 개념을 꼭 배워야 하는 이유가 몇 가지 있습니다. 3장에서 봤듯 아이의 행동을 무시하면 안 되는 때가 많죠. 상처받거나 두려워하는 아이를 무시하는 것은 절대로 좋은 방법이 아니니까요. 부모의 행동을 이해하기 어려운 발달 장애 아동도 무시하면 안 됩니다. 아이나 다른 누군가가 위험에 처할 수 있을 때도 무시하면 안 됩니다. 이 법칙을 분명히 알면, 언제 어떤 행동을 무시해도 되는지 확신이 들 겁니다.

무시하면 안 되는 행동을 아는 것도 필수입니다. 하지만 무시해도 되는 행동을 아는 게 훨씬 더 흥분되는 일이겠죠(신난다!). 3장에서 큰 소리로 말하기나 연필 두드리기, 쿡쿡 찌르기 같은 행동은 무시해도 된다고 했습니다. 징징거리기, 협상하기, 불평하기 같은 관심 끌기 행동도 무시할 수 있고요. 그때부터 마법이 시작됩니다.

무시의 원리를 분명하게 알아야 하는 중요한 이유가 또 있습니다. 슈퍼마켓 계산대에서 풍선껌을 사달라고 애원하는 여섯 살짜리 쌍둥이를 무시하면, 곱지 않은 시선을 보내는 사람들도 있겠죠. 그들은 속으로 이렇게 생각하겠죠. 그냥 껌을 사줘. 저 짜증 나는 애들을 조용히 시키라고. 하지만 사람들의 따가운 시선과 수군거림은 둘째치고 그 순간 풍선껌을 사주면, 아이들의 나쁜 행동이 강화되어 앞으로도 계속 나타날 뿐입니다. 철저한 연구를 거쳐 수십 년 동안 효과적으로 이용된 훈련법인 행동 수정을 실행하고 있다는 사실을 기억하며, 당당하게 얼굴을 드세요.

행동 수정은 원칙과 기법을 체계적으로 적용해 행동을 평가하고 개선하는 것이다.

이 장에서는 어디에서부터 시작하면 되는지 돕고자 합니다. 초점을 유지하고 아이의 행동을 전부 다 무시하는 일이 없도록 몇 가지 방아쇠(아이가 당신의 짜증을 돋우는 방법)부터 당기며 시작하면 됩니다. 아이의 여러 행동에 어떻게 반응해왔고 왜 효과가 없었는지 평가하는 방법도 알려드릴게요. 무시할 행동이 분명해지면 '선택적 무시' 과정을 배울 거고요. 이 장이 끝나갈 무렵에는 필요한 정보가 다 갖춰져 시작할 수 있습니다. 그다음에는 효율성을 최대한 높이는 방법과, 행동이 곧바로 개선되지 않을 경우의 해결 방법을 알려드리겠습니다. 바람직한 행동을 장려하는 방법도 덧붙여서요.

이 장에서 돌아볼 단계에는 여섯 가지가 있다.

1단계: 관찰(Observe)

2단계: 표적 행동 목록 작성(Create a list of target behaviours)

3단계: 무시(Ignore)

4단계: 경청(Listen)

5단계: 재개입(Reengage)

6단계: 수리(Repair)

1단계와 2단계는 '선택적 무시' 훈육법을 처음 시작할 때만 하면 됩니다. '선택적 무시'를 시작하는 이상적인 마음 상태로 만들어줄 거예요. 시도하다 실패해 다시 시작하고 싶으면 이 단계들을 검토하고 완수하면 됩니다. 3단계부터 6단계까지는 '선택적 무시'를 활용할 때마다 매번 해야 하는 일들입니다. '무시, 경청, 재개입, 수리' 과정입니다. 이 장의 남은 부분에서는 이 단계들을 자세히 살펴보겠습니다.

3단계부터 6단계까지의 과정을 쉽게 기억하려면 머리글자를 이용해 "나는 느긋한 독서가 좋아(I Like Relaxed Reading)"라는 문장으로 기억하세요. 이 문장은 두 가지 역할을 합니다. (I를 제외하고) 모든 단어의 첫 두 글자가 각 단계의 첫 두 글자와 일치합니다. I는 무시(Ignore)를 뜻합니다. "Like"의 "Li"는 경청(Listen), "relaxed"의 "Re"는 재개입(Reengage), "reading"의 "Re"는 수정(Repair)에 해당합니다. 이 문장은 각 단계를 기억하도록 도와줄 거예요. 정말로 아이를 무시하는 것처럼 보이려면 마음을 느긋하게 가져야 하니까, 일부러 "relaxed"라는 단어를 넣었습니다. 아이를 무시할 때 (말을 하지 않더라도) 신경에 거슬린다는 모습을 보이면 효과가 없을 거예요. 아무런 반응도 보이지 말아야합니다. 내 손에 주어진 패가 엉망이라도 쉽게 그 카드를 내면 안 됩니다! 아이를 무시할 때도 같은 상황입니다. 3단계를 설명할 때 더 자세히 이야기할게요. 우선 "나는 느긋한 독서가 좋아"를 여러 번 읊어보세요. 이 책의 안쪽과 바깥쪽에도 적어도 좋고요. 느긋한 독서가 좋다는 확신이 든다면 그때 1단계를 시작하면 됩니다.

'선택적 무시' 1단계: 관찰

'선택적 무시'를 개인의 상황에 맞춤화하려면 계획이 필요합니다. 자녀의 바람직하지 않은 행동을 전부 다 무시할 수는 없기 때문이죠. 부모가 특히 중요하게 여기는 행동이 있을 수 있겠죠. 이를테면 식사 예절 같은 것. 아이가 저녁 식탁에서 장난시키는 행동을 고치고 싶다면 무시하세요. 하지만 냅킨과 수프용 숟가락을 사용하는 제대로 된 식사 예절을 가르쳐야 한다면 식탁에서 아이의 행동을 무시하면 안 됩니다.

아이의 행동을 무시하기 전에 가장 심한 문제 행동을 알아야 합니다. 정말로 거슬리는 행동이 있는가? 제 경우에는, 안 된다고 말했는데도 협상하려 드는 행동입니다. 디저트를 달라는 말에 "오늘은 안 돼"라고 했는데도 딸이 열 번은 더 물어봅니다. 열 번 모두 다른 태도로요. (예의 바르게, 애원하며, 간절하게, 화를 내며, 억압당하는 것처럼 등) 어쩌다 제가 순간적으로 약해지면 성공할 수도 있다는 사실을 배워서 그러는 거죠.

제 친구 로리는 아들이 엄마의 눈을 똑바로 바라보면서 장난감을 던지는 행동이 가장 거슬린다고 합니다. 아이는 물론 그러면 안 된다는 걸을 알고 있죠. "장난감 던지면 안 돼"라는 말을 수백 번은 더 들었으니까요. 그런데도 던집니다. 로리와 저는 아이의 가장 거슬리는 행동에 본능적으로 반응합니다. 기 싸움은 부모를 너무도 강한 힘으로 끌어당겨 제대로 된 준비 없이 상황에 개입하게 만들죠. 결과적으로 자녀의 바람직하지 못한 행동이 강화됩니다. 부모의 반응을 촉발하는 방아쇠임을 아이도 잘 알죠.

이 질문을 해볼게요. 방아쇠 요인은 무엇인가요? 아이의 어떤 행동에 미칠 것 같은가요? 미치도록 거슬리는 행동이 무엇인가요? 어떤 부모들은 쉽게 알 수 있답니다. 자녀의 거슬리는 행동을 10~15개씩 줄줄 읊을 수 있죠. 그런가 하면 짜증과 좌절감이 항상 느껴져 최악의 행동을 꼽기 어려운 부모들도 있고요. 모든 행동이 조금씩 심각합니다.

시작할 준비가 됐다고 생각되어도 연습을 해봐야 합니다. 부모와 자녀의 관계 역학에 대한 통찰이 있으면 훨씬 효과적으로 무시할 수 있죠.

벽에 붙은 파리가 따라다닌다고 가정해보죠. 그 파리는 무엇을 볼까요? 무엇 때문에 아이를 야단을 야단쳤나요? 왜 언성을 높였나요? 올바른 행동에 대해 설교했나요? 무엇이 그런 설교를 하게 만들었나요? 아이가 당신의 관심을 얻거나 짜증을 돋우려 무슨 전략을 썼나요? 잠깐! 지금 무슨 생각을 하는지 잘 압니다. 그냥 다음 문단으로 건너뛰어야겠다고 생각하셨겠죠. 조금만 참으세요. '선택적 무시' 훈육법을 사용하려면 자신의 육아 스타일을 분석해보는 것이 필수랍니다. '선택적 무시'에는 자녀뿐 아니라 부모도 중요합니다.

관찰 기록지로 자녀에 대한 반응 행동과 부모에 대한 자녀의 반응 행동을 관찰하면 됩니다. 적어도 10회 이상 관찰하고 기록합니다. 하루에 많은 시간을 자녀와 보내거나 자주 훈육하는 부모라면 쉽게 채울 수 있을 거예요. 일하는 부모나 훈육을 적게 하는 부모라면 며칠이 걸릴 수 있죠. 다시 한 번 말하지만 중요한 과정이므로 절대 빠뜨리면 안 됩니다.
(관찰자가 자신인데도) 관찰하는 동안 자연스럽게 행동하는 것을 어려워하는 부모들도 있습니다. 그렇다면 시계나 휴대전화로 한 시간마다 알람을 맞춰놓으세요. 알람이 울릴 때마다 그 순간 일어나고 있는 일을 적습니다. 한 시간 동안 눈에 띌 만한 일이 있었다면 그것도 기록합니다. 이렇게 하면 기록지를 채울 수 있습니다.

다음의 완성된 관찰 기록지를 보면 어떻게 작성해야 하는지 좀 더 쉽게 이해하실 수 있을 거예요.
기록지에 부모의 기분 척도를 포함한 이유는 기분과 훈육에 밀접한 관계가 있기 때문입니다. 여유롭고 기분이 좋을 때는 당연히 소리 지르거나 야단시키는 일이 줄어들지요. 재미있는 행동/거슬리는 행동의 경계에 놓인 행동을 재미있는 쪽으로 받아들일 가능성이 큽니다. 아이가 방귀 소리를 내면 야단치는 게 아니라 웃음을 터뜨립니다. 반면 지치고 스트레스 심하고 화가 난 상태라면 거슬리는 행동이 더 신경 쓰일 수밖에 없죠. 연필을 두드리는 소리가 코끼리 천 마리가 발을 쿵쾅거리는 소리처럼 들립니다. 불안정한 상태일수록 부모는 자녀를 더 자주 훈육하지만 효과는 떨어집니다.

요일	시간	부모의 기분 척도 1-10,	촉발 사건	부모의 반응	방아쇠 요인 파악
월요일	8 a.m.	9	학교에 보내려고 레이철에게 신발을 신기려고 했다. 바로 눈앞에서 웃으며 집안을 뛰어다니고 있다.	계속 아이를 불렀다. 당장 이리 오라고 했다. 오지 않으면 어떻게 될지도 말했다. 결국 화가 나서 소리를 질렀다. 아이가 오기는 했지만 죄책감이 느껴졌다.	레이철이 내 말을 무시하는 행동
월요일	12 p.m.	8	레이철이 점심밥을 먹지 않는다. 음식으로 장난을 치고 바닥에 떨어뜨린다. 파스타에 우유를 붓기도 한다. 3시에 함께 오빠를 데리러 가려면 12:30에 낮잠을 재워야 한다. 짜증이 난다.	아이에게 빨리 먹으라고 계속 말한다. 그다음에는 애원한다. 이따 오빠를 데리러 가야 하니 낮잠을 자야 한다고도 설명한다. 하지만 아이는 계속 장난으로 받아들인다.	레이철이 내 짜증을 돋우는 행동

| 월요일 | 4 p.m. | 7~8 | 아들이 내가 싫어하는 줄 뻔히 아는 노래를 부른다. 숙제하면서 쉬지 않고 연필을 두드린다. | 노래 부르는 것과 연필 두드리는 것을 그만하라고 했다. 하지만 그 후에도 오랫동안 계속됐다. 얼굴에 미소를 머금고 있다는 사실이 더 화를 돋우었다. 결국, 참지 못할 지경이 되어 아이더러 다른 방에 가서 숙제를 마저 하라고 했다. | 노래 부르는 것과 연필 두드리는 행동 |
| 월요일 | 7:30 p.m. | 10 | 진이 다 빠져버렸다. 한시라도 빨리 아이들을 재우고 싶다. 하지만 둘 다 잠잘 준비는 하지 않고 화장실에서 놀다가 싸우다가 소란을 피운다. 둘이 웃으며 잠잘 시간을 늦출 궁리하는 소리가 들린다. | 소리 지르고 협박하고 또 소리 질렀다. 소리 지를 때마다 아이들은 깔깔거린다. 내가 속상해하는 모습이 재미있는 것이다. 좌절감에 아이들의 팔을 낚아채 침대로 데려갔다. | 아이들이 합심해서 내 결정을 바꾸려고 하는 행동 |

* 부모의 기분 척도 1-10, 1: 매우 행복 10: 심한 좌절감과 분노 또는 한계 직전

기분 상태를 꼭 진단해야 합니다. 기진맥진한 상태로 퇴근했다고 가정해보죠. 회사에서 모든 팀원이 보는 앞에서 상사에게 질책당했습니다. 중요한 고객과의 회의 직전에 넥타이에 수프를 흘렸죠. 옆자리에 앉은 동료가 요즘 유행하는 독감에 걸려 폐가 찢어져라 기침을 해댑니다. 남자 화장실 변기가 넘쳤고요. 도로가 막혀 45분을 낭비하는 바람에 보모 퇴근 시간에 늦어 한 시간치 시급을 더 주어야 합니다. 집 안으로 들어왔을 때는 인내심이 떨어지고 대처 기술도 약해져 있습니다(한마디로 우리는 사람입니다).

부모들은 일상생활에서 한계에 이르면 버럭 화내기가 쉬워집니다. 불안한 상태가 아닐 때는 눈에 잘 들어오지도 않던 행동이 더 큰 문제로 인식되죠. 쿡쿡 찌르거나 손을 튕기거나 이상한 소리를 내는 아이의 행동이 평소보다 두 배 더 짜증으로 다가와, 항복하거나 과잉 교정을 하려고 합니다. 당연히 소리도 지르죠. 부모 역할 따위는 기꺼이 포기하고 어두운 방 푹신한 침대로 가서 눕고 싶어집니다.

2단계로 넘어가기 전에 관찰 기록지를 꼭 작성하세요.

'선택적 무시' 2단계 : 표적 행동 목록 작성

관찰지를 다 기록했다면 자신의 육아 패턴을 들여다보고 통찰이 생겼을 거예요. 아이의 어떤 행동이 짜증을 돋우는지, 평소 자신이 어떻게 반응하는지 알 수 있습니다. 이번 단계에서는 방어선 요인에 집중하여 무시할 행동의 목록을 만듭니다. 하지만 이 목록이 절대적인 것은 아닙니다. 즉 목록의 모든 행동을 꼭 무시하지 않아도 됩니다. 마찬가지로 목록에 없는 행동이라도 무시할 수 있죠. 한마디로 이 목록을 만드는 이유는 행동과의 연결고리를 만들기 위해서죠. 그래야 아이가 그 행동을 보일 때 반응하지 말고 무시해야 한다는 사실을 곧장 알 수 있습니다.

다음은 몇 가지 일반적인 방아쇠 요인이다. 목록에 들어갈 수도 들어가지 않을 수도 있다.

- 자동차 좌석을 발로 차는 행동
- 아침 먹을 때 가만히 앉아 있지 않는 행동
- 꾸물거리는 행동
- 큰 소리로 말하거나 소리치는 행동
- 쿡쿡 찌르는 행동
- 음식을 흘리고 떨어뜨리며 지저분하게 먹는 행동
- 불평
- 책을 거칠게 다루고 장난감을 집어던지는 행동
- 장난치면서 싸우는 행동
- 아기처럼 말하는 행동
- 연필을 씹거나 두드리는 행동
- 손톱을 깨무는 행동
- 휘파람을 부는 행동
- 소매를 냅킨처럼 사용하는 행동
- 징징대기
- 욕설
- 무례한 행동

아이들은 부모의 관심을 끌려고 다양한 행동을 합니다. 방어쇠 행동의 이유는 관심을 끌기 위해서일 때가 많죠. 아이들은 소리 지르고 간청하고 발을 구릅니다. 분노 발작을 일으키고 심지어 부모를 때리기도 합니다. 왜 그럴까요? 반응을 원하기 때문입니다. 부모가 알아차리고 봐주고 상대해주기를 바라니까요. 대개는 효과적입니다. (비디오 게임을 더 오래 하거나 과자를 더 먹는 것처럼) 원하는 바를 얻지 못하더라도 부모의 관심이라는 차선의 결과를 얻죠. 행동의 보상은 그것으로 충분합니다.

예를 들어 제이슨은 네 살인데 몇 달 전에 남동생 팀이 태어났죠. 그 짜증 나는 녀석이 나타나기 전만 해도 제이슨은 엄마, 아빠에게 태양과도 같은 존재였고요. 엄마, 아빠의 전부였으니까요. 그런데 팀이 나타났지요. 팀 정말 귀엽지 않니? 팀은 정말 대단해! 웃는 얼굴 좀 봐! 매일 다들 팀 이야기뿐입니다. 제이슨은 부모의 애정을 두고 경쟁해야만 한다는 사실이 전혀 반갑지 않죠. 설상가상으로 저 조그만 아기는 엄청나게 많은 관심이 필요합니다. 우유를 먹이고 시도 때도 없이 기저귀를 갈아주어야 하죠. 제이슨은 경쟁에 지쳤습니다. 부모가 상대해주지 않으면 상대해줄 때까지 말썽을 피우기로 합니다. 엄마, 아빠가 껴안아주지 않으면? 적어도 단 1분이라도 아기에게서 엄마, 아빠의 관심을 빼앗을 테야! 제이슨의 계획은 매우 성공적입니다. 장난감을 던지거나 올라가면 안 되는 곳에 올라가면, 부모의 관심이 즉각 자신에게로 향하기 때문이죠.

이 패턴은 외동아이에게도 나타납니다. 평소 위니는 부모에게 큰 즐거움을 주는 아이랍니다. 부모는 위니를 데리고 자주 외식도 하고 나들이도 합니다. 위니는 많은 관심을 받는 데 익숙하죠. 어느 날 놀이터에서 엄마에게 평행봉에서 공중제비에 성공한 사실을 자랑하고 싶었죠. 그런데 엄마는 선생님과 이야기하느라 바빴습니다. 위니는 그럴 때 방해하지 말고 기다려야 한다는 사실을 알지만 너무 흥분한 상태입니다. 엄마에게 달려가 끼어들려고 했죠. 엄마는 1분만 기다리라고 조용히 말합니다. 위니는 8초 만에 들썩거리죠. 엄마의 셔츠를 잡고 어깨를 두드리며 귀에 대고 "엄마, 엄마, 엄마"라고 속삭입니다. 참다 못한 엄마가 소리칩니다. "뭔데 그러니?" 성공이다! 위니는 드디어 공중제비를 돌았다는 말을 할 수 있었죠. 엄마가 지금은 그리 기뻐하지 않겠지만 상관없습니다. 엄마의 관심을 훔쳐 소식을 전하는 데 성공했기 때문이죠. 임무가 무사히 완수됐네요.

관심 끌기 행동은 다양합니다. 각자가 만든 목록에도 들어가 있을 거예요. 하지만 아이마다 고유한 방식이 있을 수 있으니 유심히 살펴봐야게죠.

목록에 분명히 들어 있을 또 다른 범주의 행동이 있습니다. 질환이나 장애 때문에 아이가 제어하기 어려운 행동이죠. 예를 들어 ADHD(주의력결핍 과잉행동장애)가 있는 아이는 식탁에 앉아 계속 몸을 들썩이거나 숙제할 때 가만히 있지 못할 수 있습니다. 자폐증 있는 아이는 시끄럽거나 반복적인 소리를 낼 수 있고요. 아이가 통제하지 못하는 행동은 훈육해도 소용없어요. 게다가 어쩌지 못하는 행동이라는 사실을 아이가 알 수도 있죠. 따라서 그런 행동을 그만하라고 반복하면 아이는 거절당한 것 같거나 평균 이하라고 느낄 수 있습니다. 이런 행동을 무시하면, 아이가 통제할 수 있는 행동을 개선할 시간이 생깁니다.

'선택적 무시' 3단계 : 무시

"내 아이를 무시하는 게 어려워 봤자 얼마나 어렵겠어?"라고 생각할지도 모릅니다. 하지만 실은 엄청나게 어려워요. 부모와 자녀의 관계 역학에는 커다란 중력의 힘이 작용합니다. 어린아이가 (또는 다 큰 사람이) 당신의 짜증을 돋우고 어떻게든 화가 나게 만들려 애쓰면서 반응하기만을 기다리면, 그 그릇된 충동에 굴복하지 않기란 거의 불가능하게 느껴집니다. 무시가 힘든 이유는 그 때문이죠. 하지만 할 수 있습니다.

방법은 이렇습니다. 무시하는 척하면 됩니다. 아이가 벌거벗은 채 집 안을 뛰어다녀도 상관하지 않는 척합니다. 딸아이가 타임아웃에 반항하며 장난감 통을 쏟아버려도 아무런 영향을 받지 않는 척합니다. 아이가 3분 전에 요구한 스파게티를 먹지 않겠다고 할 때도 관심 없는 척 연기합니다. 속으로는 화나고 짜증 나고 지겹고 지치고 한계가 느껴질 수도 있죠. 벽돌을 던져 TV를 깨부수며 "뭐 하는 짓이야?" 같은 말을 외치고 싶을 수도 있고요. 하지만 기억하세요! 아이에게 그런 모습을 보여주면 지는 겁니다. 게임 끝이에요. 아이는 자신의 행동이 부모에게 영향을 준다는 사실을 알고 계속할 테니까요.

　신경 끄고 무시하는 것도 기술입니다. 타고나는 것이 아니므로 배워야만 합니다. 레스토랑에서 누군가 소리치는 소리가 들리면 자동으로 고개가 돌아가죠. 누군가 이름을 부르면 대답하기 마련이고요. 또 직장 동료가 어깨를 두드리면 고개를 돌려 인사하겠죠. 이런 것들은 바람직하고 자연스러운 행동입니다. 어쨌든 주변에서 일어나는 일을 무시하는 것은 표준에서 벗어납니다.

　'선택적 무시'의 비결은 정말로 아이를 무시하는 게 아니라는 데 있습니다. 그저 '개입하지 않는' 행동을 적극적으로 하는 것뿐입니다. 주변에서 일어나는 일을 보고 듣지만 반응하지 않습니다. 화난 표정을 짓거나 휘둥그레진 눈으로 쳐다보거나 어떤 소리를 내도 안 됩니다. 무시하는 동안에는 어떤 결과를 제공해서도 안 됩니다. 아이의 행동이 멈출 때까지 마음속의 편안한 공간으로 가서 머무르세요.

　저는 가끔 부모들에게 실제로 등을 돌리라고 조언하기도 합니다. 자리를 뜨라. 안전하고 실용적이라면 다른 방으로 가도 된다고요. 기 싸움을 중단시키고 아이의 행동이 소용없음을 보여주는 거죠. 아이의 행동을 무시하는 동안 카탈로그나 잡지를 읽을 수도 있고요. 심호흡한 뒤 좋아하는 가수의 최신곡을 흥얼거려도 됩니다. 바쁘게 움직이며 청소 하거나 출근 가방을 챙기거나 저녁 식사를 준비합니다. 절대로 아이와 시선을 마주치지 마세요. 곁눈질로 아이의 행동을 주시하는 것은 괜찮습니다. 전혀 반응하지 않는 모습만 보여주면 됩니다.

흔히 아이들은 부모가 반응하지 않으면 보거나 듣지 못했다고 생각합니다. 그래서 행동의 강도를 높이려 들 수도 있죠. 이것은 정상적인 현상("소거 발작")이며 8장에서 살펴볼 거예요. 여기에서는 그럴 때 단호한 의지가 중요하다는 말만 하겠습니다. 아이의 행동을 무시하기로 했으니 아이가 무슨 행동을 하건 뭐라고 말하건 개입하면 안 됩니다. 반드시 이겨야만 하는 게임이라고 생각하세요.

효과적인 무시 요령

➡ 아이와 시선을 마주치지 마라.
➡ 무시하기를 시작하는 데 도움된다면 실제로 등을 돌려라.
➡ 다른 일을 하면서 바쁘게 움직여라.
➡ 아이의 말이 들리는 다른 방으로 가라.
➡ 아이의 행동이 거슬린다는 것을 비언어적 신호로 보여주지 마라.
➡ 짜증을 드러내는 소리를 내지 마라.

'선택적 무시' 4단계 : 경청

아이를 적극적으로 무시하는 동안에도 아이의 소리에 귀 기울이고 행동을 주시해야 합니다. 매우 중요한 단계입니다. 앞서 말한 것처럼 정말로 아이를 무시하는 것이 아니기 때문이죠. 개입하지 않는 것뿐이거든요. 물론 영원히 개입하지 않을 수는 없으니 언제 다시 개입해야 할지 알아야 합니다. 그래서 경청이 필수인 거죠.

주의 깊게 귀 기울여야 합니다. 아이가 바람직하지 못한 행동을 멈추자마자 다음의 5단계로 넘어갑니다. 너무 오래 기다리면 아이가 좌절감을 느껴 더 심한 행동을 보일 수 있어요. 무시하기는 벌도 타임아웃도 아닙니다. 행동을 개선하는 방법이에요. 그것이 무시하기의 목표입니다. 따라서 귀 기울이고 있다가 징징대기나 불평하기, 장난감 던지기 같은 행동이 멈추면 재개입(5단계)을 시작합니다.

질환이나 장애로 멈추기 힘든 행동을 무시하는 것이라면 경청 과정이 약간 달라집니다. 신경에 거슬리지만 통제 불가능한 행동을 아이가 멈출 수도, 멈추지 않을 수도 있기 때문이죠. '선택적 무시'의 목표는 부모와 자녀의 관계에 영향을 주지 않는 쪽으로 무시하는 겁니다. 시간이 지날수록 부모는 아이의 그런 행동이 더 의식되지 않기 시작합니다. 그런 행동을 완전히 신경 끄고 무시하게 되죠. 무시와 경청 단계를 통해 부모는 아이의 멈출 수 없는 거슬리는 행동에서 약간 멀어질 수 있습니다.

'선택적 무시' 5단계 : 재개입

선택적 무시의 목표는 행동 개선입니다. 무시는 아이의 행동이 수용되지 않는다는 비언어적 메시지를 보냅니다. (행동을 통제할 수 없는 아이의 경우 기 싸움을 하는 것이 아니므로, 부모가 자신의 행동을 무시한다는 사실조차 모를 거예요.) 이 과정을 통해 아이들은 조르고 징징대고 짜증을 돋우는 행동이 부모에게 아무런 영향도 끼치지 않는다는 사실을 깨닫게 됩니다. 아이가 그것을 깨달을 때 재개입하면 됩니다.

재개입은 잠깐 무시한 이후에 부모가 적극적으로 아이와의 상호작용을 시작하는 것입니다. 이 시점에서는 말하거나 놀거나, 어떤 행동이든 할 수 있습니다. 조금 전의 힘든 상호작용 이후 여전히 아이에게 화와 짜증을 느끼는 부모도 있겠죠. 거짓 연기를 하더라도 그런 감정은 접어 두어야 합니다. 앙심을 품거나 제대로 된 관심을 주지 않으면 아이의 문제 행동이 다시 시작될 수 있으니까요.

재개입은 아이에게 과자를 주거나 학교에서 있었던 일을 물어보는 것처럼 간단할 수도 있고, 레고나 모노폴리 놀이를 함께 하는 것일 수도 있어요. 아이가 부모에게 알아달라고 애원하는 것은 (때로 적절하지 못한 방법으로) 관심이 필요하다고 알리는 것입니다. 하지만 그런 행동을 무시한다고 해서 아이에게 관심이 필요하다는 사실을 부인한다는 뜻은 아닙니다. '선택적 무시'는 아이들에게 부적절한 행동이 관심이나 물건을 얻는 효과적인 방법이 아니라는 사실을 가르쳐줍니다. 하지만 부모는 아이가 드러내는 기본 욕구를 무시하면 안 됩니다. 바람직하지 못한 행동이 멈추면 곧바로 (멋들어지게 휘핑크림까지 올린) 갓 구운 애플파이 한 조각과 함께 행복한 모습으로 아이를 다시 상대해주어야 합니다. 그럴 기분이 아니라면 연기라도 해야 한다는 사실을 기억하세요.

저도 수없이 해봤습니다. 어떤 날은 쉬워요. 아이의 행동이 그렇게 거슬리지 않았을 수도 있고요. 그런가 하면 또 어떤 날은 기운이 다 소진됩니다. 어쨌든 아이가 다음으로 넘어가는 가장 빠른 방법은 부모가 다음으로 넘어가는 거예요. 재개입 단계에서는 이전 일에 대해 말하지 않습니다. 다음으로 넘어가는 일이 아니기 때문이죠. "내가 널 무시한 이유는 ~ 때문이야"라고 말하지 마세요. 문제가 되풀이되고 관심/이익이 제공될 뿐이니까요. 행동에 관한 기대를 미리 전달하는 게 훨씬 효과적입니다. 분명한 기대를 설정하는 방법은 10장에서 더 자세히 살펴보겠습니다.

재개입 단계에서 아이가 계속 떼를 쓰거나 거슬리는 행동을 다시 시작하면 3단계로 돌아가 무시합니다!

'선택적 무시' 6단계 : 수리

아이가 난리를 피우거나 분노 발작을 일으킬 때 누군가 다치거나 물건이 망가지는 일도 생길 수 있습니다. 무시 단계에서도 그런 일이 생길 수 있고요. 조애너가 크레파스 상자를 던지거나 지미 주니어가 엄마의 다리를 걷어차는 등, 아이가 바로잡아야 하는 행동이 발생한다면 6단계에서 하면 됩니다.

이 단계는 선택적입니다. 무시 단계에서 발생한 상처받은 감정이나 손상된 물건, 문제 등을 처리하는 데 필요하죠. 누군가를 아프게 한 일을 사과하거나 난리를 피우며 집어던진 장난감이나 물건을 치우는 일도 이 단계에 포함됩니다.

부모가 사과해야 하는 일도 있을 수 있어요. 심한 말을 했다면 사과합니다. 아이에게 실수를 인정하고 책임지는 모습을 보여주는 것은 대단히 중요합니다. 아이가 조금 전에 보인 문제 행동을 털어버리고 다음으로 넘어가는 데도 도움이 되고요.

'선택적 무시'는 절대로 쉽지 않습니다. 아니, 분명 힘든 일이죠. 아이들은 부모의 관심을 받는 데 도가 텄습니다. 아이가 부적절한 행동을 할 때 개입하지 않고 뒤로 물러나려면 연습과 굳건한 의지가 필요해요. 하지만 이전 장에서 말했듯이 무시하기는 엄청난 이익을 가져다줍니다. 우선 관심을 끌려는 행동이나 거슬리는 행동이 부쩍 줄어들죠. 부모 역할이 즐거워지고 아이들 상태도 나아집니다. 따라서 시도해볼 가치가 충분합니다.

'선택적 무시' 훈육법이 처음에 이상하거나 부자연스럽게 느껴질 수 있습니다. 생떼 부리는 아이를 무시하라는 게 완전히 직관에 어긋나는 것처럼 생각될 수도 있고요. 올바른 개념처럼 느껴지기까지 시간이 좀 걸릴 수도 있겠죠. 아직 확신이 들지 않는다면 앞으로의 여러 장이 도움될 것이다. '선택적 무시'를 현실에서 적용했을 때 어떤 모습일지 사례들을 앞으로 소개할 예정입니다. 여러 상황을 통해 개념이 좀 더 분명해질 것입니다.

TIP BOX
꼭 기억하기

- I Like Relaxed Reading(나는 느긋한 독서가 좋아): 무시, 경청, 재개입, 수리
- 부모의 기분은 훈육에 영향을 끼친다.
- 아이가 통제할 수 없는 행동을 훈육하는 것은 아무런 소용이 없다.
- '선택적 무시'는 매우 힘들므로 익숙해질 때까지 성실하게 연

습해야 한다.

- 무시하기는 적극적인 불개입이다.
- 무시하는 동안 반드시 귀 기울여 무시를 멈추고 재개입할 시점을 찾는다.
- 무시 단계에서 아이와 시선을 마주치지 않는다.
- 재개입할 때는 필요하면 연기를 해서라도 적극적인 태도를 보인다.

예시로 살펴보는
'선택적 무시' 훈육법

Sample Scenarios

'악마는 사소한 것에 들어 있다.' 세부 사항에 숨어 있는 단순한 문제가 성공을 방해할 수 있다는 옛말입니다. 길을 잃어본 적이 있나요? 누구나 한 번쯤 그런 경험이 있을 거예요. 방향이 분명하지 않을 때가 있죠. 하지만 우회전해야 하는 곳에서 좌회전을 한 번 해도 완전히 길을 잃어버릴 수 있습니다. 사소한 실수 하나가 막대한 영향을 끼치죠.

언니 레아가 고등학생 때 그리스 버터 쿠키를 만들었습니다. 모든 재료를 꼼꼼하게 준비해 조리대에 나란히 올려놓았죠. 하지만 망쳤어요. 실수로 베이킹파우더가 아니라 베이킹소다를 넣은 거죠. 오븐에서 나온 것은 고무 타이어처럼 질겨 도저히 먹을 수 없는 타원형 하키 퍽이었고, 곧바로 처분됐습니다. 작은 실수 하나가 노력을 아예 망쳐버릴 수 있다는 사실을 보여주는 사례죠. 베이킹을 할 때 흔히 생기는 일이지만요. 자녀 양육에도 같은 일이 생기곤 합니다. '선택적 무시'를 활용할 때 하나의 단계를 간과하거나 미묘한 차이에 혼란스러워져 전체를 망치기 쉽습니다. 이 장에서는 길에서 벗어나는 일이 최대한 줄어들도록, '선택적 무시'의 다양한 실전 사례를 소개합니다.

참고로 베이킹파우더와 베이킹소다를 헷갈린 언니의 실수는 제게 강렬한 인상을 남겼습니다. 가루를 잘못 사용할지도 모른다는 편집증이 생겼죠. 수없이 조리법을 확인하고 제대로 된 가루인지 용기를 몇 번이고 확인합니다. 저는 자주 베이킹을 하지만 한 번도 언니와 같은 실수를 하지 않았죠. 어떻게 그럴 수 있었을까요? 실수는 유익할 수도 있기 때문입니다. '선택적 무시'에서는 실수로 아이의 행동에 반응해도 큰 문제가 되지 않습니다. 다음에 다시 시작하면 되니까요. 물론 여태까지 이루어놓은 진전이 물거품이 될 수도 있습니다. 하지만 애초 진전이 있었다면 얼마든지 또 이룰 수 있습니다. 게다가 두 번째는 베이킹 할 때의 나처럼 실수에 더 주의를 기울이게 되니, 개선점이 계속 유지될 가능성이 크지요.

복습의 의미로 "나는 느긋한 독서가 좋아"를 다시 한번 마음에 새겨보시길 바랍니다. 이것은 '선택적 무시'의 네 가지 단계, 즉 무시, 경청, 재개입, 수리를 뜻합니다. 앞으로 이 장에서 소개되는 여러 상황 시나리오를 읽으면서 각 단계를 유념해보세요. '선택적 무시' 훈육법에 익숙해져서, 실행하는 순간에 큰 도움이 될 테니까요.

협상 행동

지난주에 한 엄마에게 전화가 왔습니다. 고집불통인 다섯 살짜리 딸 엘리너의 문제 행동을 고쳐달라는 부탁이었죠. 딸이 항상 협상하려 한다는 것이었습니다. 저는 엘리너가 협상할 때 보통 어떤 상황이 일어나는지 물어봤어요. "음, 전 아이의 요구에 져주지 않아요. 보통은 중간에서 합의하죠. 둘 다 이기는 기분이 들도록요." 아닙니다. 엄마에게는 승리가 아니죠. 엘리너가 협상하려 드는 이유를 설명해주자(그 전략이 효과적이기 때문이죠) 엄마는 머릿속 전구에 불이 켜진 것 같았어요. 협상이 엘리너의 승리이기 때문에 계속하려 든다는 사실을 깨달았죠. 저는 엘리너 엄마에게 절대로 협상 불가능한 법칙을 세워 서로 언쟁할 필요도 없이 강화하라고 했습니다. 한 예로 엄마는 엘리너가 소파가 아니라 식탁에 앉아서 밥을 먹기를 바랍니다. 하지만 엘리너는 TV를 보면서 먹는 것을 좋아하죠. 허용하고 싶지 않은 행동이지만 그렇지 않으면 아이가 밥을 먹지 않았습니다. 엄마는 이제부터 소파에 앉아 밥 먹는 것을 허용하지 않기로 했죠. 다음 날 점심 식사 때 엘리너는 평소대로 소파에 앉았습니다. 엄마는 거실로 가서 (부모를 위한 팁: 아이에게 요청할 때 다른 공간에서 소리치지 않는다.) 식탁에 식사가 준비되어있다고 말했죠. 엘리너는 처음에 어리둥절하다가 곧바로 협상 상태로 돌입했습니다.

"왜 TV 보면서 먹으면 안 돼?"

"항상 소파에서 먹었는데."

"마지막으로 딱 한 번만 TV 보면서 먹으면 안 돼?" (엄마는 이 말에 넘어갈 뻔했죠.)

"소파에서 먹은 다음에 우유만 식탁에서 마시면 안 돼?"

"식탁에서 먹을 테니까 식탁을 TV 앞에 옮겨주면 안 돼?"

엘리너가 협상하려고 하는 동안 엄마는 주방에서 자신이 먹을 점심으로 샌드위치를 만들었습니다. 엘리너를 쳐다보면 져주게 될까 봐 일부러 느릿느릿 움직였죠. 엘리너는 화가 났고 엄마는 결심을 지켰어요. 엘리너는 밥을 먹지 않겠다고 소리치기 시작했죠. 엄마는 흔들리지 않고 엘리너의 점심을 그대로 식탁에 두었습니다. 엘리너는 못된 태도로 돌변해 모욕적인 말까지 내뱉었지만, 엄마는 격분 행동을 전부 무시했어요. 엄마는 샌드위치를 식탁으로 가져가 먹으며 (제 조언대로) 카탈로그를 넘겨봤죠. 엘리너의 점심을 소파로 옮겨주지 않았고요. 엘리너와 눈도 마주치지 않고 상대도 하지 않았어요. 엘리너가 협상하려 할 때마다 못 들은 것처럼 행동했습니다.

그와 동시에 엄마는 극적 효과를 위해 주방과 거실 사이의 문가에 드러누운 엘리너를 주의 깊게 살폈습니다. 결국 자존심이 배고픔과 현실에 굴복했죠. 엘리너는 음식을 먹고 싶었어요. 엄마가 무너지지 않으리라는 사실을 알 수 있었죠. 갑자기 일어나더니 식탁으로 걸어와 밥을 먹었답니다. 엄마는 속으로 쾌재를 부르면서도 충격을 받았죠. 과연 통할까 온종일 걱정했으니까요. 신경 끄고 무시하기에 성공하자 엄마는 카탈로그를 접고, 그날 오후에 친구가 놀러 오기로 한 일에 대해 엘리너와 대화를 나누기 시작합니다. 점심을 어디에서 먹고 있는지는 대화의 주제가 아니죠. 몇 분간의 대화가 이어진 후 엄마는, 엘리너가 샌드위치를 잘 먹고 있다고 칭찬했습니다.

엘리너 엄마는 딸이 식탁에서 뭔가를 먹은 지 한참 됐다고 말했죠. 그래서 그게 이제는 아예 불가능한 일이라고 생각했던 겁니다. 그녀는 협상과 분노 발작 행동을 무시하는 것만으로 아이를 식탁으로 다시 불러들일 수 있다는 사실을 알았더라면, 진즉 시도했을 것이라고 했어요. 매일 몇 시간씩 이어졌던 싸움이 사라졌습니다.

잘 시간을 자꾸 미루는 아이

외동딸인 열한 살짜리 애디는 이혼한 엄마와 둘이 살고 엄마와 무척 가까운 사이입니다. 물론 엄마도 애디를 무척 사랑합니다. 엄마는 매일 일로 바쁘지만 시간이 날 때마다 애디에게 모든 애정을 쏟지요. 하지만 엄마는 애디가 아기일 때부터 지금까지 매일 똑같은 문제로 씨름해왔어요. 바로 애디가 어떻게 해서든 잠을 자지 않으려고 온갖 전략을 쓴다는 것이었죠.

퇴근해서 돌아온 엄마는 애디의 부탁을 쉽사리 거절하지 못합니다. 애디도 그 사실을 잘 알고 있죠. 잠잘 시간이 다가오면 애디는 애교를 부리기 시작합니다. 엄마의 어린 시절 이야기를 해달라고 조르고요. 조금이라도 더 엄마와 붙어 있으려고 합니다. 애디의 기도는 날마다 길어집니다. 엄마, 아빠부터 시작해 고모와 이모, 삼촌들, 할머니, 할아버지까지 기도 속에 등장하는 사람들이 매일 늘어납니다. 이제는 슈퍼마켓에서 본 사람, 프로야구팀 뉴욕 메츠팀 선수, 가수 테일러 스위프트, 가위를 발명한 사람, 집배원까지 포함되죠. 목이 마르고 발가락이 아프고 내일 학교에 가져갈 안내문에 서명하는 것을 빠뜨렸다고 하고, 시험 때문에 걱정된다고도 합니다. 배가 고픈데 간단히 뭘 먹으면 안 되는지도 묻습니다. 배가 아프거나 휴대전화 충전을 까먹었거나 창밖에서 이상한 소리가 들린다고도 합니다. 핑계가 끝도 없죠. 하루도 빠지지 않고 매일 일어나는 일입니다.

이 상황에 지친 엄마가 저에게 도움을 요청했습니다. 밤에 애디가 기도를 다 하고 나서 곧바로 잠들었으면 좋겠다고요. 저는 애디가 잠잘 시간을 미루려고 할 때마다 엄마가 어떻게 반응하는지 물어봤습니다. 엄마는 한숨을 쉬더니 줄줄 읊었죠. "잘 시간이야"부터 시작해 "일어나지말고 누워 있어!"라는 말까지 다양했습니다. 가끔 정말로 필요하다고 생각되어 물이나 따뜻한 담요, 교정기를 가져다주기도 했고요(치아 교정에 3,000달러나 들었는데 밤에 교정기 착용하는 것을 잊어버려 망치면 안 되니까요). 애디는 분명 엄마의 심리를 꿰뚫고 있었습니다. 엄마는 애디에게 반응하지 않을 수가 없었죠. 누가 뭐래도 사랑하는 딸이니까요. 아이의 요청에 반응하지 않는 건 너무한 일이라고 생각했죠.

저는 애디가 사랑받는다는 사실을 잘 아니까, 자기 전의 과도한 요청을 좀 무시해도 유대관계가 흔들리지 않는다고 설명했습니다. 애디는 엄마가 무관심하거나 자신을 사랑하지 않는다고 느껴서가 아니라, 단지 가능하다는 이유만으로 그렇게 행동하는 거죠. 부르면 엄마가 반응하는 패턴이 그런 행동을 계속하게 했고요.

저와의 대화 후 애디 엄마는 딸의 패턴을 알아차리고 무시하는 법을 배우기 시작했습니다. 다음 날 저녁 애디에게 잘 자라고 인사한 후 아침까지 더는 대화를 하지 않을 것이라고 말했죠. 물론 저는, 아파서 한밤중에 애디가 깨면 확인해보라고 조언했습니다.

지금까지 항상 엄마를 조종할 수 있었던 애디는 진지하게 받아들이지 않았죠. 애디가 침대에 눕고 기도가 끝난 후 엄마는 잘 자라는 인사와 함께 방에서 나갔어요. 애디는 곧바로 엄마를 불렀죠. 소리가 점점 커지고 화난 목소리로 변했습니다. 결국 애디는 침대에서 일어나 빨래를 개고 있는 엄마에게 왔어요. 아이는 헛기침을 하더니 큰 소리로 말했죠. "엄마, 나 진짜 할 말 있었단 말이야!"

엄마는 당황했지만 무슨 일인지 물어보지 않으려 애썼습니다. 딸이 부르는 소리에 대답하지 않는 건 너무한 일이라는 생각이 또 들었고요. 하지만 엄마가 자신을 상대하게 만들려고 기발한 수를 쓸 것이라는 제 말을 떠올렸죠.

"엄마, 내 말 듣고 있어? 학교에서 중요한 일이 있었단 말이야." 이것은 엄마의 약점이었죠. 엄마는 애디에게 일어나는 일을 전부 다 알고 있다는 사실을 자랑스럽게 여깁니다. 자칫하면 넘어갈 수도 있다는 생각에, 엄마는 화장실로 가서 이를 닦기 시작합니다. 애디가 소리칩니다. "이럴 수가. 엄마, 지금 나 무시하는 거야? 맘대로 해. 무슨 일인지 말 안 해줄 거야." 애디는 뒤돌아섭니다. 엄마는 숨을 크게 내쉬었어요. 이렇게 쉬운 일이었단 말인가?

과연, 그러나 애디는 다시 돌아왔습니다. "엄마, 나 배 아파." 평소 같으면 엄마는 불안할 수밖에 없었죠. 만약 다음 날 아침에 애디가 아프면 출근할 수 없기 때문이죠. 아침 8시에 중요한 회의가 있었지만 엄마는 전혀 반응하지 않았습니다. 아이는 2분 전까지만 해도 아프지 않았으니까요. 이제 엄마는 확실히 깨닫습니다. 지금까지 자신이 아이의 행동을 부추겼다는 것을. 자신이 내버려두었기에 아이가 잠자는 시간을 자꾸만 미룬 것이었죠. 이제 엄마는 단호해졌네요. 드디어 전쟁에서 이길 수 있을 겁니다.

애디는 한 시간 넘게 엄마를 시험했어요. 상황이 갈수록 나빠졌죠. 애디는 분노했고 가끔 울고 훌쩍거리기도 했습니다. 엄마에게는 정말로 힘든 순간이었죠. 하지만 결국 애디는 방으로 자러 갔어요. 엄마는 다음 날 아침 애디를 볼 생각에 두려워졌죠. 분명히 애디가 자신을 무시할 것 같았으니까요. 저는 엄마에게, 딸을 보자마자 밝고 긍정적인 모습으로 말을 건네라고 조언해두었습니다. 엄마는 그렇게 했고 애디도 지난밤의 일을 꺼내지 않았어요.

그날 저녁 엄마는 잘 자라고 인사한 뒤에는 다시 오지 않을 테니 자야 한다고 또 말했습니다. 이번에는 보상 이야기를 꺼냈죠. 나오지 않고 밤새 방 안에서 잘 자면, 아침에 학교 가기 전에 아이튠스에서 노래를 사주겠다고요(보상에 대해서는 9장에서 더 자세히 살펴볼 겁니다). 노래라면 사족을 못 쓰는 애디에게 그 방법은 대성공이었죠. 몇 번 엄마를 부르기는 했지만 방에서 나오지 않았고, 약 30분 만에 잠들었습니다. 엄마는 일주일 동안 매일 밤 '선택적 무시'와 보상을 함께 활용했고, 주말이 되자 애디는 잠자는 시간을 더는 거부하지 않게 됐죠. 알고 보니 애디는 잠들기 전에 즐겁게 독서를 조금 했습니다. 매일 새로운 노래가 생기는 것도 좋았고요. 결국 잠들기 전 엄마를 부르는 일이 사라졌고 몇 주 동안 밤에 방 밖으로 나오지 않았습니다. 엄마는 애디가 자랑스럽다고 했죠. 하지만 엄마는 그 행동에 계속 보상을 주고 싶지 않았어요. 우리는 애디에게 축하의 의미로 깜짝 선물을 해주는 방법을 의논했습니다. 엄마는 애디가 좋아할 만한 콘서트를 찾았죠. 같이 공연을 보러 가서 애디가 바뀐 모습이 정말 자랑스럽다고 마구 칭찬했습니다. 하지만 정말로 바뀐 것은 엄마였죠. 엄마는 애디의 습관이 바뀌어 기쁘다는 모습을 계속 보여줬습니다. 관심을 보여주는 것은 여전히 중요한 일이기 때문이었죠. 하지만 공연을 보고 온 후에는 그 행동에 물질적 보상을 제공하는 일을 멈추었습니다.

저녁 식사 시간

스티브와 도티 존슨 부부의 집에서는 식사 시간마다 한바탕 전쟁이 벌어집니다. 부부의 미취학 아동 잭은 갈수록 편식이 심해지고요. 엄마가 점심으로 파스타 해줄까, 그릴드 치즈를 해줄까 물으면 "파스타"라고 해놓고는, 파스타가 나오자마자 "파스타라고 안 했잖아. 안 먹을래"라고 합니다. 도티는 '선택적 무시'를 알게 되기 전에는 아이에게 이성적으로 말하려고 애썼죠. 파스타를 먹겠다고 하지 않았느냐고 차분히 설명했습니다. "어제저녁에도 맛있게 잘 먹었잖니. 많이 먹어야 아빠처럼 키가 클 거야"라며 파스타를 먹이려 했죠. 하지만 그럴수록 잭은 더욱 고집을 부렸습니다. "안 먹을 거야! 절대!" 자신이 또래보다 작고 말라서 엄마가 식사를 중요하게 생각한다는 사실을 잭은 본능적으로 알고 있죠. 사실 잭은 파스타를 좋아하지만 엄마가 다급하게 주방으로 가는 모습을 보는 것이 더 즐거웠습니다.

그러나 '선택적 무시'를 활용한 후로 식사 시간이 훨씬 더 즐거워졌습니다. 엄마는 여전히 잭에게 먹고 싶은 음식을 물어보고 그대로 준비해 줍니다. 하지만 불평이 시작되면 고개를 돌리죠. 자리에서 일어나 가스레인지 앞에서 바쁜 척할 때도 있고요. 음료수를 마시기도 합니다. 어쨌든 잭이 식사에 대해 불평하면 상대하지 않아요. 요청한 음식을 먹지 않으면 다음 식사 때까지 굶을 수밖에 없죠. 그런데 엄마가 잭을 무시하면 재미있는 일이 생깁니다. 기 싸움이 시작조차 되지 않는 겁니다. 잭은 엄마가 평소처럼 먹으라고 애원하지 않고 다른 음식을 만들어주겠다고 하지도 않는다는 사실을 알아차렸죠. 배고픈 잭은 어쩔 수 없이 음식을 먹기 시작합니다. 엄마는 속으로 기뻐서 어쩔 줄 모르지만 티 내지 않습니다. 잭이 음식을 먹기 시작하자마자 엄마는, 낮잠을 자고 나서 뭘 할지 물어보며 재개입을 합니다.

제 딸은 마음대로 하게 놔두면 빵과 파스타, 치즈, 단것에 가끔 우유와 시리얼만 먹을 겁니다. 아이가 먹을 것은 양념을 약하게 해주지만 온 가족과 똑같은 음식을 먹어야 한다는 게 우리 사이의 암묵적인 법칙이죠. 예를 들어 타코를 만들 때 아이가 먹을 고기에는 향신료를 넣지 않습니다. 햄버거 패티에는 원하는 대로 소금간만 해주고요. 저는 가족들의 개별 주문을 받아주지 않습니다. 하지만 딸아이의 입맛이 단순하다는 걸 아니까 온당한 범위 내에서는 입맛에 맞춰주려고 하는 편이죠.

보통 우리 딸은 준비된 음식을 보며 "나 ( ) 먹기 싫어(괄호 안에는 지구에 존재하는 그 어떤 음식이든지 들어갈 수 있겠죠)"라고 말합니다. 불평을 시작하면서 다른 선택권에 대한 협상을 시도하죠.

케이시: 오늘 저녁 메뉴는 뭐야?

나: 스테이크하고 감자 요리.

케이시: 나 감자 싫은데. 내 스테이크는 스테이크 롤로 만들어주면 안 돼?

나: 안 돼. 그럼 그냥 스테이크만 먹어.

케이시: 제발요. 난 감자 대신 빵 먹으면 안 될까, 엄마?

나: (한마디도 하지 않고 무시한다.)

케이시: 남은 밥 주면 안 돼?

나: (계속 무시한다. 반응하지 않을 것이다. 절대로.)

케이시(잠깐 생각해본 후): 그냥 감자 먹을게.

딸은 메뉴가 마음에 들지 않아도 너무 배가 고파서 굶지 못할 때도 있습니다. 저녁으로 너무 적은 양을 먹을 때도 있고요. 하지만 저녁 식사 후에 간식거리가 제공되지 않고 식탁에 음식이 차려진 후에는 다른 메뉴를 만들지도 않습니다. 딸아이는 불만을 드러내긴 하지만 언쟁이나 본격적인 협상으로 발전시키지 않죠. 제가 자신의 요청에 한 번 대답한 후에는 다시 상대하지 않는다는 사실을 알기 때문입니다.

겨울 외투 싸움

추운 지방에 사는 사람이라면 겨울 외투 싸움에 익숙할 거예요. 남자아이가(때로 여자아이도) 추운 한겨울에 갑자기 외투를 입지 않겠다고 고집을 부리죠. 다른 아이들도 다 그러니까, 멋있어 보이려는 게 주요 원인일 수 있겠고요. 아니면 호르몬이 날뛰는 10대라 보통 사람들만큼 추위를 느끼지 못하는지도 모르겠네요. 어쨌든 수없이 많은 가정에서 이 끝없는 전쟁이 일어납니다. 아이는 외투를 입지 않고 학교에 가겠다고 하고 부모는 입어야 한다고 주장하죠.

재키와 15세 아들 리암도 그런 경우입니다. 평소 재키는 될 수 있으면 유연한 태도로 아들을 대하려고 하죠. 방이 지저분해도 뭐라 하지 않고 주말에는 자고 싶은 시간에 자라고 합니다. 하지만 겨울에 외투를 입지 않으면 머리끝까지 화가 치솟습니다. 아이가 추운데 외투도 없이 돌아다니면 동네 사람들에게 무책임한 부모로 보일 것 같고, 아이가 감기에 걸릴까 봐 걱정도 되니까요. 재키는 이 문제를 해결하려고 일기 예보에서 안내하는 기온이 7도 아래로 내려가면, 꼭 외투를 학교에 가져가라는 법칙을 만들었죠. 리암은 마지못해 동의했습니다.

물론 그렇게 간단히 해결되는 문제가 아니었죠. 어느 날은 최고 기온이 7도라는 예보가 있었습니다. 하지만 학교가 끝나는 시간인 오후 4시가 되어야 그 기온에 도달할 예정이었죠. 재키는 리암에게 외투를 가져가라고 했습니다. 두 사람은 평소 기 싸움을 자주 하고 그 싸움은 매번 팽팽한 긴장감으로 끝납니다. 보통 재키는 자신이 옳은 이유를 설명하고, 리암은 반박하다 뜻대로 되지 않으면 벽을 치거나 물건을 던집니다.
이날의 논쟁도 평소대로 시작됐죠. 리암이 좋은 말로 부탁을 합니다. 재키는 자신의 관점을 밝히고 외투를 가져가라고 하죠. 리암이 반박하지만 재키는 "끝난 이야기야. 외투 가져가"라고 말합니다. 그러자 리암의 태도가 심술궂게 변합니다. 엄마가 한계점에 가까워진 사실을 알아차린 아들은 자기엄마더러 못생기고 뚱뚱하고 멍청하다며 모욕적인 말을 내뱉었습니다.

재키는 자리를 뜨려고 합니다. 리암의 고함이 계속 이어지고 재키는 더 참을 수 없는 상태가 되죠. 그녀는 리암에게 소리 지르기 시작합니다. 두 사람은 상대보다 더 크게 소리치려고 더 성을 내고, 재키도 심술 궂은 태도를 보입니다. 출근을 앞두고 이럴 시간이 없죠. 결국 그녀는 포기합니다. "마음대로 해. 폐렴에 걸리든 얼어 죽든 난 몰라."

리암과 재키는 아무 말 없이 자리를 뜹니다. 상황이 그렇게까지 되니 모두 기분이 좋지 않았죠. 어쨌든 리암은 외투를 입지 않아도 되었죠. 계속 반박하고 욕설도 해서 엄마가 포기하게 한 겁니다. 이런 일이 생길 때마다 두 사람의 관계는 조금씩 금이 가지요. 재키는 아들과 점점 멀어지는 것 같아 걱정스럽기만 합니다.

저는 재키와 함께 상황을 분석했습니다. 그녀는 아들의 분노 발작을 대부분 무시해야 한다는 사실을 인정합니다. 저는 그녀에게 설명했습니다. 리암이 싸움 도중 급소를 찌르는 이유는, 엄마의 기분을 상하게 하면 뭔가를 얻거나 회피하는 데 효과적이라는 사실을 알기 때문이라고요. 이 경우 외투를 입을 필요가 없어졌으므로 리암의 행동은 부정적으로 강화됐죠. 리암은 나중에 항상 후회하지만 그래도 앞으로 계속 같은 방법을 쓸 겁니다. 그만큼 매우 효과적이기 때문이죠.

저는 재키가 아들과 싸움을 현명하게 선택하는 방법을 논의했습니다. 외투 싸움은 가치가 없었죠. 어차피 리암이 집 밖에서 외투를 입을 것인가는 재키의 통제권을 벗어난 일이기 때문입니다. 어차피 아이는 버스

정류장에 도착하자마자 외투를 가방에 구겨 넣겠죠. 따라서 자연스러운 결과를 존중할 필요가 있습니다(자연스러운 결과에 대해서는 10장에서 더 자세히 살펴보겠습니다). 어느 날 추위를 느낀다면 알아서 외투를 챙길 거예요. 어차피 아이가 대학에 입학하면 아이 옷차림에 간섭할 수도 없고요. 재키는 그 논리를 이해했습니다. 그리고 논쟁으로는 아들과의 의견 차이를 해결할 수 없다는 사실도 분명히 이해했죠. 앞으로 그녀는 자신의 결정에 대해 리암이 불만을 품거나 화를 내면 협상 시도나 심술궂은 발언, 반응을 유도해 결정을 뒤집으려는 전략을 전부 무시할 겁니다. 재키는 아들에게 뭔가를 강요하는 일에 훨씬 신중해져야 하지만, 일단 요구한 사항은 번복하면 안 됩니다.

리암은 분노가 많은 아이이고 엄마와의 관계도 복잡합니다. 엄마에게 애정을 보이기는 하지만 무관심할 때가 많죠. 부모와의 관계가 좋지 못한 재키는 아들과도 똑같은 패턴이 만들어지고 있다는 사실이 걱정스럽습니다. 재키는 리암과의 대화가 소리 지르는 것으로 끝날수록 아들의 행동이 강화되어 목표와 더욱 멀어진다는 사실을 '선택적 무시'를 통해 깨달았습니다. 이 문제는 금방 해결되지 않을 거예요. 하지만 재키가 리암의 부적절한 분노 발작을 무시하면 (정서적, 신체적) 피해를 최소화할 수 있습니다.

욕설과 말대꾸

"젠장", "XX" 같은 욕설을 실수로 내뱉은 이후, 자녀도 그런 말을 쓰게 됐다고 도움을 청하는 부모들이 많습니다. 저도 비슷한 일을 겪은 적이 있죠. 어느 날 딸이 열이 심해서 두 아이를 데리고 병원에 갔습니다. 커다란 시멘트 기둥 옆에 차를 세웠습니다. 주차하면서 나중에 차를 뺄 때 조심해야겠다고 생각했고요. 하지만 진료가 끝나고 돌아와 서두르느라 그 사실을 잊어버렸죠. 후진하면서 그만 기둥을 들이받고 말았습니다! 저도 모르게 "젠장!"이라고 소리쳐버렸죠.

저는 평소에 욕을 거의 하지 않습니다. 남편이 증명해줄 수 있죠. 하지만 그 순간 너무 화가 나서 저도 모르게 그런 말이 튀어나왔죠. 게다가 아이들이 듣고 있었는데요. 그 후로 아이들은 열 받는 일이 있을 때마다 "젠장"을 외쳐댔습니다.

자녀가 부적절한 단어를 배우면 부모는 대개 "그런 말 쓰면 안 돼!"라고 단호하게 반응하죠. 아이는 무슨 뜻인지도 모르고 한 말이라도 즉각적인 반응과 관심을 일으킬 수 있다는 사실만은 잘 압니다. 재미난 사실이 있어요. 부모들은 제가 욕설 행동을 무시하라고 하면 고개를 갸웃하며 말합니다. "말도 안 돼요. 욕을 해도 무시하면 그런 말을 써도 괜찮다고 생각할 텐데." 아닙니다. 아이가 욕을 계속할 수도 있지만 머지않아 끝납니다. 부모의 반응을 유도하려는 목적이 달성되지 않기 때문이죠.

방금의 경우는 무심코 내뱉은 욕설이었지만, 부모에게 매우 무례한 말투를 쓰는 아이들도 많습니다. 저는 바닷가 공공화장실만큼 지저분한 입버릇을 가진 일곱 살 아이를 본 적이 있어요. 10대 청소년들은 삐딱한 태도와 무례한 말투를 합쳐 엄마와 아빠를 욱하게 만들기도 하죠. 대부분 부모는 말대꾸에 대해 그리 관대하지 못합니다. 아이가 격분해서 말대꾸하면 부모는 무시당하는 것 같고 당혹스러워서, "그게 무슨 말버릇이야!"라고 소리치기 마련이죠. 이 방식에는 근본적으로 문제가 있습니다. 아이가 무슨 말이든 하지 못하게 만들기란 불가능하니까요. 아이가 부모에게 무례한 말을 할 수도 있어요. 하지만 거기에 화를 내버리면 아이는 부모에게 상처 주는 데 성공했다고 느낍니다. 또 화가 난 아이는 부모 또한 화나기를 바라기도 하죠.

제니퍼에게는 열세 살배기 아들 저스틴이 있습니다. 그녀는 아직 십대였을 때 저스틴을 낳았죠. 오랫동안 마약중독자였지만 재활을 거쳐 중독을 완전히 끊었고 8년째 그 상태를 유지해오고 있고요. 겉으로 표현하지 않지만 저스틴은 어릴 때 누리지 못한 것들이 많아, 엄마에 대한 원망을 품고 있습니다. 제니퍼에 따르면 저스틴은 원하는 것을 얻지 못할 때마다 엄마의 아픈 구석을 쿡 찌른다고 해요. 예를 들어 방 청소를 해야 친구들과 놀러가게 허락한다고 하면 격분해서 "난 엄마가 싫어! 나도 마약중독자가 될 거야! 이런 생활 지긋지긋해!"라고 소리 지릅니다. 화를 돋우려고 하는 말이라는 걸 알아도 제니퍼에게는 큰 상처가 되죠. 그녀에게 저스틴이 마약중독에 빠지는 것보다 두려운 일은 없을 테니까요. 이 모자는 마음의 상처를 치유하기 위해 심리치료를 받고 있습니다. 또 제니퍼는 '선택적 무시'를 이용해 저스틴의 분노 발작에 반응하지 않으려고 노력 중이죠.

물론 제니퍼는 아들이 진심으로 하는 말이 아님을 알고 있죠. '선택적 무시'는 저스틴이 분노 표현으로 엄마를 괴롭힐 때 그 행동을 멈추게 하는 가장 신속한 방법입니다. 아들이 감정이 격해진 상태로 자신도 마약을 할 거라고 소리 지르면 제니퍼는 완전히 무시합니다. 아들이 진정하면 아들의 분노를 확인하는 것으로 개입을 시작하죠. "화가 많이 났구나." 앞으로 마약을 할지 말지가 아니라 지금 아들의 분노를 일으키는 문제에 초점을 맞추는 겁니다.

이 방법은 매우 효과적이었죠. 저스틴은 마약을 하겠다는 위협으로 엄마를 화나고 상처받게 만드는 행동을 멈추었습니다. 물론 여전히 불만은 있지만 진정하고 문제에 관해 이야기할 수 있게 됐어요. 엄마는 과거에 마약을 했다는 죄책감에서 벗어나려고 노력하고 있고, 저스틴의 불만에 잘 대처하게 됐습니다.

드라마의 여왕

랜디는 드라마의 여왕이죠. 모든 것에 과장된 반응을 보입니다. 살짝 부딪혀 멍이 들어도 호들갑을 떨고요. 원하는 대로 되지 않으면 바로 화를 냅니다. 또 관심을 얻기 위해서라면 뭐든 할 거예요. 부모는 "랜디다운 행동이야"라는 말로 랜디의 과장된 행동을 웃어넘겼습니다. 하지만 이제 일곱 살이 된 랜디의 발작은 더는 귀엽게 봐주기 어려운 지경에 이르렀죠. 랜디는 부모의 관심을 끌려고 남동생과 끊임없이 싸웁니다.

부모는 랜디가 반응을 유도하려고 부적절한 행동을 할 때마다 '선택적 무시'를 썼습니다. 그들은 어떤 행동을 무시해야 하는지 바로 알지 못했죠. 저는 과장된 반응, 협상하려는 행동, 거짓 눈물을 주시하라고 설명했습니다.

어느 날 생일파티에 간 랜디는 컵케이크를 하나 더 먹고 싶었죠. 부모가 안 된다고 하자 사람들이 보는 앞에서 생떼를 부렸습니다. 사람들 보기가 창피해 쉽지 않았지만, 시험이라는 것을 알았기에 부모는 랜디의 행동을 무시했어요. 랜디는 자신의 행동에 효과가 있는지 계속 엄마와 아빠 쪽을 쳐다봤죠. 부모는 고개를 돌리고 있었지만 몰래 랜디를 살펴보고 있었고요. 랜디가 진정하고 나서 다시 상대했죠. 집에 가기 전에 아이들과 더 놀겠느냐고 물었습니다. 랜디는 컵케이크를 하나 더 먹지 않았다는 사실도 잊어버리고 다시 아이들 틈에 섞였습니다. 부모는 아이가 처음부터 잘하면 칭찬해주는 법도 배웠죠. 실망스러운 일이 있어도 떼쓰지 않으면 자랑스럽다고 말해줬고요. 원하는 대로 되지 않아도 버럭 화를 내지 않으면, 넘치는 관심이라는 보상이 주어졌습니다. "우와, 랜디, 훌륭하구나!" 또는 "넌 실망스러운 상황에 정말 잘 대처했어. 자랑스럽구나"라고 칭찬해줬습니다. 시간이 지날수록 랜디는 바로 화내고 떼쓰는 게 부모에게 아무 영향도 주지 못한다는 사실을 깨달았고 그런 행동이 거의 사라졌어요. 여전히 과장하는 경향이 남아 있지만 바람직하지 못하거나 에너지를 고갈시키는 행동은 하지 않게 되었답니다.

타임아웃!

Time-Out

주변에서 흔히 볼 수 있는 타임아웃만큼, 가장 오해받고 가장 잘못 사용되는 훈육법은 없을 거예요. 타임아웃은 부모가 활용할 수 있는 훌륭한 행동 개선 방법이고 '선택적 무시'와도 완벽하게 잘 어우러집니다.

하지만 제가 만나본 대다수 사람은 타임아웃을 제대로 활용하는 법을 잘 모르는 것 같았습니다. 아주 짧은 단절이어야 할 시간이 극도로 괴로운 기 싸움이 되어버리곤 하죠. 2장에서 살펴본 행동 수정 원칙들과 마찬가지로 타임아웃의 효율성에 관해서는 광범위한 연구가 이루어졌습니다. 말대꾸, 비협조, 저항, 물건 파괴, 소리 지르기, 조르기, 때리기, 깨물기 같은 행동을 줄이는 데 매우 효과적이라고 입증됐죠. 여러 발달장애가 있는 아이들에게도 매우 효과적입니다. 하지만 타임아웃은 제대로 실행해야만 효과를 볼 수 있어요.

인터넷에는 타임아웃에 대해 잘못되거나 정확하지 않은 정보가 넘쳐납니다. 좋은 의도를 가진 양심적이고 성실한 부모들이 타임아웃을 제대로 사용하지 못합니다. 아이의 바람직하지 않은 행동이 점점 심해지고, 부모는 혼란과 짜증에 인내심이 바닥나서 결국 타임아웃을 포기합니다.

앞서 4장에서 소개했던 제 친구 로리의 아들은 엄마의 지시를 무시할 뿐 아니라 나쁜 행동을 일부러 계속합니다. 그녀의 세 살짜리 아들 조니는 참 영리해요. 엄마의 관심을, 그것도 좋지 않은 방법으로 끄는 법을 정확히 알고 있죠. 조니가 장난감을 던지면 엄마가 "조니, 장난감 던지면 안 돼"라고 합니다. 하지만 조니는 "돼"라고 생각하며 이번에는 방에서 미니 피아노를 던집니다. 미니 피아노가 바닥에 부딪히며 플라스틱 조각들이 요란한 소리와 함께 흩어지죠. 그 소리에 달려온 엄마가 의기양양한 표정의 아들을 들어 의자에 앉힙니다. "앉아 있어! 엄마가 일어나도 된다고 할 때까지 일어나지 마!"

조니는 의자에서 일어날 뿐만 아니라 로리의 의지를 조금씩 무너뜨립니다. 의자에서 일어나 한 발을 떼려고 하며 로리가 싫어하는 "어쩔 건데"라는 식의 목소리로 말합니다. "나 일어났어." 로리가 곧바로 돌아와 조니를 의자에 도로 앉히죠. 아이가 또 일어나자 그녀가 소리 지릅니다. "당장 앉지 못해!" 조니는 하는 수 없이 앉지만 이제는 말을 하기 시작하죠. 가장 효과적인 방법을 잘 아는 아이가 다정한 목소리로 말합니다.

"엄마, 이제 일어나도 돼?"
"엄마, 점심때 땅콩버터 먹으면 안 돼?"
"엄마, 낮잠 잘 때 《토끼의 잠자는 시간(Bedtime Bunny)》 읽어주면 안 돼?"
"엄마, 엄마가 만드는 초콜릿 컵케이크가 최고로 맛있어."

아이가 조잘거리는 동안 로리는 집안일을 합니다. 조니는 조용히 앉아 있고요. 하지만 금세 지루해져서 장난을 치기 시작합니다. 의자 옆에 있는 소파 뒤쪽의 커튼을 홱 잡아당기자 커튼이 펴지기 시작하죠. "재미있다"라고 아이는 생각합니다.

커튼이 꽤 많이 찢어졌네요. 로리는 갑자기 아이가 너무 조용하다는 것을 깨닫습니다. 달려간 그녀는 조니가 한 짓을 보고 화가 머리끝까지 치솟습니다. 아이에게 자신을 혼자 내버려두라고 말하죠. 아이는 제 방으로 달려갑니다. 무슨 일인지 어리둥절하지만 엄마가 화났다는 건 알수 있죠. 하지만 타임아웃이 끝나서 좋을 뿐입니다. 로리는 커튼을 정리한 후 조니에게 미니 피아노를 치우라고 시키죠. 조니는 정말로 곤란에 처했음을 깨닫고 순순히 시키는 대로 합니다. 바로 타임아웃의 역기능입니다. 그 이유는 곧 설명하겠습니다.

어떤 전업 아빠도 비슷한 경험을 했습니다. 그의 아들 제이슨은 심한 말썽꾸러기죠. 물론 사랑스러운 아이지만 말을 잘 듣지 않아요. 아빠는 아들이 여섯 살이라서 의자에 6분 동안 앉아 있게 합니다. 하지만 6분이 지켜지는 일은 거의 없죠. 제이든은 그렇게 오랫동안 앉아 있지 못합니다. 아빠는 제이든이 일어날 때마다 타이머를 다시 맞춥니다. 그럴 때마다 언쟁과 협상, 시간 낭비가 계속되죠. 타임아웃이 잠깐의 중단이 아닌 치열한 기 싸움이 됩니다. 30분은 족히 더 걸립니다. 제이든의 아빠는 타임아웃 훈육법을 포기할 거라고 말합니다. 아들에게 효과가 없는 것 같다고요.

로리와 제이든 아빠는 모두, 타임아웃이 작게는 짜증으로 크게는 비효율적인 시간 낭비로 변하는 전형적인 실수를 저지르고 있습니다. 타임아웃을 쓸 때마다 부모가 느끼는 좌절감은 둘째치고 조니와 제이든의 나쁜 행동이 강화됩니다. 아이가 타임아웃의 기본원칙을 어길 때마다 더 큰 관심이라는 보상이 주어지니까요. 정말로 최악의 결과가 아닐 수 없네요. 바람직하지 못한 행동에 부모의 관심이라는 이익이 따르면 아이는 그 행동을 반복하기 쉽죠. 하지만 가장 속상한 결과는 로리와 제이든 아빠가 타임아웃을 더 활용하지 않을 거라는 사실입니다. 결국 아이들의 완벽한 승리죠. 훈육 방법 하나가 사라질수록 조금이라도 더 마음대로 할 수 있을 테니까 말이에요.

'선택적 무시'가 타임아웃을 아예 바꿔줄 수 있다는 사실을 설명하기 전에, 우선 타임아웃에 관한 잘못된 정보를 짚어보겠습니다. 타임아웃을 제대로 이해하면 옆길로 새지 않고 일관적으로 활용할 수 있거든요.

타임아웃은
벌이 아니다

타임아웃은 벌이 아닙니다. 매우 중요한 사실이니까 한 번 더 강조하겠습니다. 타임아웃은 벌이 아닙니다.

부모들은 아이의 나쁜 행동을 벌주려고 타임아웃을 활용하는데, 아이가 의자에 제대로 앉아 있지 않는다고 불평합니다. 그래서 5분간의 타임아웃이 20분의 소란으로 변하는 거죠. 타임아웃을 벌이 아니라 리셋 버튼이라고 생각하세요. 타임아웃의 목적은 행동 패턴을 끊어 아이가 더 바람직한 행동으로 옮겨갈 수 있도록 하는 것입니다. 타임아웃은 부모와 아이가 감정을 진정시키고 기 싸움을 멈추는 좋은 방법이기도 하죠. 타임아웃을 제대로 시행하면 부모와 자녀 간에 연결이 끊어지고, 필요한 단절이 가능해집니다. 부모가 진정할 시간을 얻으려고 자녀를 의자에 앉히라는 게 아닙니다. '선택적 무시'를 활용하면 더 효과적으로 개입하지 않을 수 있어요. 하지만 타임아웃을 제대로 활용하면 부차적인 이득이 있습니다.

타임아웃 시간을
나이로 정하면 안 된다

한 살당 1분씩 앉혀야 한다는 생각을 누가 처음 퍼뜨렸는지 모르겠지만 참 끔찍한 생각입니다. 타임아웃 시간이 길어지면 아이의 문제 행동이 다시 시작될 뿐이니까요. 어떤 아이들은 잘못을 즉각 알고 바꿀 준비가 되어 있죠. 하지만 몇 분이나 의자에 앉아 있으면 잘못을 인정하는 마음은 밀려나고 새로운 생각이 들어오기 마련입니다.

저는 다양한 가정 방문을 통해, 끝나야 할 때 끝나지 않는 타임아웃을 많이 봤습니다. 끝나지 않을 것처럼 생각되면 아이는 몸을 들썩거리고 대체로 말썽을 피우죠. 타임아웃이 길수록 효과적이라는 증거는 없습니다. 하지만 1~2분 정도는 너무 쉽게 빠져나갈 구실을 주는 것이라는 증거는 있습니다. 참고할 법칙이 필요하다면, 아이가 관심과 강화가 사라진 것을 느끼되 곤경에 처하지 않을 정도의 시간을 목표로 삼으세요. 2~3분 정도가 적당합니다.

타임아웃에는
정해진 장소가 없어도 된다

타임아웃을 실시하는 장소를 정해놓는 부모가 많습니다. 굳이 잘못된 일은 아니죠. 하지만 그러면 집 밖에서 실시할 수 없습니다. 그리고 아이를 정해진 장소에 머물게 만들려고 애써야 합니다. 안 그러면 타임아웃의 목적에서 벗어나고 방해가 되니까요. 타임아웃에 대한 인식을 바꿀 필요가 있습니다. 아이를 정해진 장소에 머물게 만드는 것이 아니라 관심을 거두는 것으로 생각하세요. '선택적 무시'와 함께라면 타임아웃을 언제 어디에서나 활용할 수 있습니다.

타임아웃은
추방이 아니다

아이가 정해진 장소에 머무르지 않으면 부모는 좌절하고 결국 화를 내게 되는 경우가 많습니다. 아이가 정해진 장소에 머무르지 않는데 어떻게 타임아웃을 활용할 수 있을까요? 그래서 부모는 타임아웃 장소를 아이의 방으로 바꾸고 문을 닫습니다. 아이가 제시간을 채울 때까지 닫힌 문밖에서 서 있는 거죠.

그 방법은 여러 이유에서 잘못입니다. 아이의 방은 아이가 사랑과 안전함을 느낄 수 있는 성스럽고 즐거운 장소여야 하죠. 그렇지 못하면 아이는 방에 있고 싶지 않을 테니까요. 방문까지 닫혀 있으면 아이가 무서워할 수도 있고요. 아이에게 공포를 줄 수 있는 일은 절대 하지 말아야 합니다. 장기적으로 눈에 보이지 않는 해를 끼칠 수 있습니다. 아이가 자신의 방에서 잠들지 못하고 부모의 침대로 오거나, 아이가 잠들 때까지 옆에서 꾸벅꾸벅 졸며 지켜야 할 수도 있어요.

타임아웃 시간에 문이 닫혀 있으면 안에서 일어나는 상황을 파악할 수 없습니다. 아이가 안에서 신나게 장난감을 가지고 놀지도 모를 일이죠. 그러면 목적에서 벗어나는 겁니다. 또 문이 닫혀 있으면 어른의 감독 없이 아이가 안전하지 못할 수도 있고요. 타임아웃 도중에 안에서 쿵 소리가 들린다고 가정해보죠. 문을 열어야 할까요? 그러면 타임아웃도 끝일까요? 그 상황에서 문을 열지 않을 부모가 어디 있을까요? 하지만 문을 열어보면 아이는 조금 전 말썽을 부리느라 열린 서랍장에 들어가 있거나, 이겼다는 표정으로 미소 짓고 있을지도 모릅니다. 타임아웃으로 관심을 얻을 수 있다는 사실을 알면 앞으로 똑같은 행동을 하겠죠.

방에 갇힌 아이가 탈출하려고 문손잡이를 잡고 흔들기도 합니다. 부모가 반대편에서 손잡이를 잡고 줄다리기를 하는 건, 개입하지 않는 행동과는 거리가 멀어요. 도리어 정반대의 행동입니다. 방문을 닫아놓으면 아이에게 계속 관심을 줄 수밖에 없으니 타임아웃의 원칙에 어긋나고요.

진짜 타임아웃은 무엇인가?

타임아웃은 '선택적 무시'의 실전입니다. '선택적 무시' 훈육법은 아예 관심을 거두어 방금 적절하지 않은 행동을 했음을 알려줍니다. 타임아 웃도 똑같아요. 행동을 강화하는 모든 요인에서 아이를 떼어놓으니까요. 2장에서 강화는 어떤 행동이 다시 일어나게 하는 것이라고 정의했었죠. 다시 말해서 강화되는 행동은 반복됩니다. 그리고 관심은 강화입니다. 타임아웃은 제대로만 시행하면 관심이 사라지므로 강화도 사라집니다. 따라서 바람직하지 못한 행동이 줄어들죠.

기본적으로 타임아웃은 짧은 시간 동안 신경을 끄고 무시하는 것입니다. 부모의 신경을 거슬리게 하는 행동이 가져다주는 이득이 사라지면 말썽을 부려야 할 유인도 없어집니다. 그 과정은 아이에게 밀치고 장난 감을 던지고 조르고 괴롭히고 침을 뱉는 등 온갖 바람직하지 않은 행동이 수용되지 않는다는 사실을 가르쳐주죠. 관심을 주지 않으면 그런 행동이 강화되지 않습니다. 또 아이는 제 놀이 공간이나 가족이 있는 환경에서 쫓겨나고 싶어 하지 않죠. 나쁜 행동을 하는 즐거움이 완전히 사라지기 때문입니다. 관심을 없애는 것이 바로 타임아웃의 목적입니다. 그렇습니다. 타임아웃을 활용할 때는 '선택적 무시'와 마찬가지로 행동이 멈추면 곧바로 다시 개입합니다.

타임아웃과 '선택적 무시'를 함께 사용하는 방법

타임아웃과 '선택적 무시'를 함께 활용하면 목적에 집중해 과정을 망치지 않을 수 있습니다. 다음은 효과적인 타임아웃을 실시하는 단계적 방법입니다.

- 아이가 부적절한 행동을 보이면, 그 행동이 계속될 경우 타임아웃을 시킬 거라고 딱 한 번만 경고한다. 때리거나 (무는 것처럼) 심한 행동이면 경고 없이 곧바로 실시한다.
- 바람직하지 못한 행동이 나온 직후 "(아이의 행동) 때문에 타임아웃이야. (부모가 없는 장소)로 가"라고 말한다. 아이가 여섯 살 미만이면 손을 잡고 장소로 데려간다.
- 아이가 가기 전에 "진정하고 (사과, 청소, 문제의 행동 등) 준비가 될 때까지 타임아웃이야"라고 말한다.
- "나는 느긋한 독서가 좋아"를 기억한다.
- 관심 끄는 행동은 전부 무시하고 '선택적 무시'를 시작한다.
- 유심히 귀 기울인다. 아이가 조용해지면 가서 타임아웃을 끝낸다.
- 타임아웃의 이유를 짧게 한 번 더 말해주면서 개입을 시작한다.
- 수리 단계가 필요한 경우 아이에게 사과나 청소를 시킨다. 타임아웃은 할 일을 모면하게 해주는 수단이 아니므로 이 과정이 매우 중요하다. 타임아

웃 이후 수리 단계 없이 넘어가면 문제 행동이 강화된다. 예를 들어 아이가 장난감을 집어 던져서 아빠가 타임아웃을 시켰다고 해보자. 타임아웃 후 바로 저녁을 먹어야 해서, 아빠는 아이가 잠들면 자신이 장난감을 치우기로 한다. 그러면 아이는 저녁 먹기 전에 장난감을 치우지 않을 방법을 배우는 셈이다.

- 타임아웃 후에는 없었던 일인 것처럼 넘어간다. 아직 화와 짜증이 풀리지 않았더라도 표 내지 말고 긍정적인 태도로 아이를 대한다. 아이가 적절한 행동을 보이면 바로 칭찬해준다.

다음은 타임아웃과 '선택적 무시'가 함께 활용되는 모습입니다.

제시카와 동생 케이트가 점심을 먹고 있네요. 엄마는 샌드위치를 다 먹으면 쿠키를 먹어도 된다고 약속했죠. 접시에 초콜릿 칩 쿠키를 담아 각자 앞에 놓아줍니다. 제시카는 쿠키를 3분 만에 해치웁니다. 케이트는 천천히 먹습니다. 가장 맛있어 보이는 쿠키를 마지막에 먹기로 하고 나머지부터 천천히 먹네요.

엄마가 설거지하러 가자마자 제시카가 케이트의 쿠키를 빼앗아 먹으려고 합니다. 케이트가 소리를 지릅니다. 엄마는 언짢아지네요. "제시카, 너 또 그러면 타임아웃이야!" 엄마는 제시카가 행동을 바로잡을 기회를 주려고 다시 설거지를 시작합니다.

하지만 제시카는 유혹을 견디지 못하고 또 동생의 쿠키를 빼앗아 먹으려고 합니다. 엄마는 곁눈질로 지켜보다 제시카에게 말합니다. "넌 동생 쿠키를 빼앗으려고 해서 타임아웃이야. 소파로 가서 앉아." 제시카는 꼼짝도 하지 않죠. 엄마가 다가가 제시카의 팔을 잡고 주방에서 나갑니다. 제시카는 소파에 앉아서도 계속 억울함을 호소하네요. 엄마는 무시합니다. 아이가 조용해지자 엄마는 무시하기를 끝낼 준비가 됐는지 살핍니다. 제시카에게로 가서 타임아웃의 이유를 아는지 묻자, 아이는 그렇다고 합니다. 엄마는 쿠키를 빼앗아 먹으려고 한 것을 동생에게 사과하라고 지시합니다. 제시카가 볼멘 목소리로 사과합니다. 엄마와 동생은 사과를 받아주고요. 엄마는 그림을 그리겠냐고 물으며 곧바로 다시 개입을 시작합니다. 제시카는 신나서 그림을 그리고 싶다고 대답합니다. 엄마는 제시카의 그림이 기대된다고 말해주고요.

아이가 순순히 타임아웃에 응하지 않는다는 부모들도 있겠죠. 아이가 타임아웃 장소에 가만히 있지 않으면 이렇게 해보세요.

사만다는 조용히 숙제하고 있는 오빠를 괴롭힙니다. 아빠는 사만다에게 톰을 가만히 두라고 하죠. 하지만 사만다에게는 즐거운 놀이입니다. 자신보다 덩치도 크고 힘도 센 오빠를 괴롭힐 수 있는 유일한 방법은 살살 신경을 긁는 것뿐이니까요. 효과 만점이죠. 오빠는 점점 짜증이 납니다. 아빠가 그만하지 않으면 타임아웃을 시키겠다고 합니다. 그 말을 듣자마자 사만다는 테이블 아래로 오빠를 발로 차, 아빠를 시험합니다.

이미 한번 경고했으므로 아빠가 "타임아웃이다. 가서 계단에 앉아"라고 합니다. 사만다가 아무 짓도 하지 않았다고 항의하죠. 아빠는 화가 나지만 내색하지 않는 얼굴로 사만다의 손을 잡고 계단으로 데려가 앉힙니다. 혼자 남겨진 사만다는 일어나 주방으로 가기로 합니다. 문가에 서서 아빠의 관심을 끌려는 거죠.

평소 같으면 이 지점에서 아빠는 힘겨루기에 넘어갔겠죠. 하지만 '선택적 무시'를 함께 활용하고 있으니 시선을 돌리고 우편물을 살피느라 바쁜 척합니다. 사만다가 목청껏 노래 부르기 시작합니다. 아빠는 무시합니다. 아무도 관심을 주지 않자 사만다는 약이 잔뜩 오르죠. "나 계단에 앉아 있지롱! 계단에 앉아 있지롱!" 사만다가 타임아웃을 제대로 하지 않으므로 아빠는 계속 무시합니다. 아예 등을 돌리고 있죠. 하지만 귀는 기울이고 있습니다.

마침내 사만다는 포기합니다. 바닥에 1분간 조용히 앉아 있네요. 사만다의 행동이 멈춘 것을 알고 아빠가 말합니다. "사만다, 넌 숙제하는 오빠를 방해해서 타임아웃을 받은 거야. 오빠를 더 귀찮게 하지 않으면 끝내주마." 사만다는 알겠다고 대답합니다. 아빠는 엄마가 퇴근할 때까지 피아노 연습을 하거나 책을 읽어도 된다고 합니다. 사만다는 피아노를 치기로 하죠. 한 곡을 치고 나자 아빠가 칭찬해줍니다.

이 두 가지 상황은 모두 타임아웃과 '선택적 무시'가 환상의 콤비임을 보여줍니다. 하지만 타임아웃의 성공 열쇠는 '선택적 무시'를 기억하는 것입니다. 가장 어려운 부분이기도 하죠.

TIP BOX
타임아웃의 성공 비결

- 타임아웃 도중에 아이에게 말하지 않는다.
- 시간은 최소한으로 한다.
- 아이가 준비되자마자 다시 개입한다.
- 시선을 맞추지 않는다.
- 타임아웃 동안에는 즐거울 수 있는 활동을 허용하지 않는다.
- 끝까지 한다. 타임아웃을 방해하는 언쟁이나 도망을 허용하지 않는다.
- 아무런 자극이 없는 심심한 장소여야 한다.
- 무서운 장소여서는 안 된다.
- 아이가 기꺼이 타임아웃에 응하더라도 상대하지 마라. 조종하려는 것일 수 있다.
- 별도의 장소가 없다면 모든 관심과 방해물을 제거한다. TV를 끄고 장난감을 치운다.

- 타임아웃 도중에 물건을 망가뜨려도 아이가 진정하고 타임아 웃이 끝날 때까지 내버려둔다. 침착한 목소리로 "진정해서 기쁘구나. 자, 어지른 거 치워"라고 한다.
- (혀를 차거나 구시렁거리는 소리를 포함해) 모든 소리와 표정은 아이의 행동을 강화할 수 있다.
- 타임아웃은 관심이(강화) 완전히 제거되어야만 효과적이다. 형제자매가 끼어들거나 킥킥거려도 효과가 사라진다.

집 밖에서
신경 끄고 무시하기

Ignore It! in Public

제가 아는 모든 부모가 비행기 안에서 악몽 같은 경험을 한 적이 있습니다. 소리 지르고 으르렁거리거나 도끼눈을 하는 아이 때문에 말이죠. 저 역시도 그런 경험이 있는데 특히 기억나는 사건이 있습니다. 2008년에 당시 두 살이던 아들을 데리고 뉴욕에서 플로리다주 팜비치로 가는 비행기를 탔습니다. 이륙하기 전에 아들 에밋을 유아용 카시트에 앉혔는데 (골치 아프게도) 금방 아이가 불만스러워했죠. 카시트를 풀고 싶어 하더라고요. 하지만 유아는 비행기 안에서 돌아다니면 안 되죠. 이륙하는 동안에는 특히 그렇고요. 걸어 다닐 수 없다는 사실을 깨달은 아이는 앞좌석을 발로 차기 시작했습니다. 탁, 탁, 탁! 물론 앞에 앉은 여성이 휙

뒤돌아 바로 그 표정을 지었죠. 그 표정, 눈알을 굴리고 한숨을 쉬고 혀를 차는 표정 말이죠. 저는 기분이 상해 아들에게 단호한 목소리로 말했습니다. "안 돼. 발로 차지 마. 그만해!" (솔직히 그만하라는 말은 그 여성에게 하고 싶은 말이기도 했습니다.)

하지만 에밋은 계속 발로 찼습니다. 아이에게는 즐거운 놀이였으니까요. 저는 또 그만하라고 했죠. 손으로 아이의 발을 잡았습니다. 발을 잡고 단호하게 "안 돼!"라고 하면 그만하리라 생각했죠. 참 순진하기도 해라. 제가 정강이를 잡고 누르자 에밋은 파바로티 뺨치는 소리로 고함을 질렀습니다. 250개의 얼굴이 일제히 뒤를 돌아봤죠. 우리는 맨 끝줄 자리였으니까요.

저는 몹시 당황하고 화가 치밀었습니다. 다른 방법을 찾지 않고 화를 아이에게 풀었죠. 아이의 다리를 붙잡고 무서운 얼굴로 노려보면서 씩씩거렸습니다. 전부 다 소용없었어요. 아이는 계속 앞 좌석을 발로 찼고 저는 제 행동에 수치심을 느꼈습니다. 왜 타인의 영향에 휘둘려 아이를 그런 식으로 대했지? 내가 뭘 하는 거야? 아이를 도저히 멈추게 할 수 없다는 사실을 깨닫고 앞 좌석의 여성과 가벼운 대화를 나누기 시작했습니다. 그녀의 어깨를 살짝 두드리며 아이가 발로 차서 미안하다고 사과했죠. 하지만 금방 후회가 밀려왔어요. 친절 점수를 얻으려고 아이를 판 것이나 마찬가지였으니까요. 고작 두 살밖에 되지 않은 아이인데. 몰

상식한 행동을 할 수밖에 없는 나이죠. 비행기 안이 불편하고 힘들어서요. 저도 비행기 타는 것을 싫어하는데 말입니다. 그런데 왜 사과를 해야 하지? 비행기에 탄 두 살 아이다운 자연스러운 행동 아닌가?

어쨌든 그 여성은 곧바로 사과를 받아줬고 초콜릿 쿠키를 주기까지 했죠. 아니, 현실은 조금 달랐습니다. 그녀는 훈계하는 어조로 자신의 아이들은 그렇게 별나게 군 적이 한 번도 없다고 했죠. 항상 천사 그 자체이고 세상에서 가장 좋은 아이들이라고. 그리고 (청하지도 않은) 조언으로 꾸지람을 끝맺었습니다. 부모 노릇 제대로 하라고, 아이 간수 잘하라고 퉁명스럽게 말하고는 고개를 돌렸죠. 애 엄마를 망신 주는 데 성공한 데 만족하면서. 저는 큰 충격을 받았습니다. 남은 비행시간 내내 우울한 표정으로 조용히 울었죠.

여전히 기분이 좋지 않은 상태로 아이를 데리고 짐을 찾아 공항을 빠져나왔습니다. 그때 문득 이런 생각이 떠올랐죠. 그 고약한 여자를 다시 볼 일이 없다는 사실이요. 그런데 그녀가 나를 형편없는 부모라고 생각한들 무슨 상관이지? 남이 나더러 형편없는 부모라 한다고 해서 그게 꼭 사실인 것은 아니죠. 그녀는 제 삶을 모르니까요. 제 양육 능력의 지극히 일부만 봤을 뿐이니. 그녀의 비웃음에 저는 평소라면 하지 않을 말과 행동을 하게 되었습니다. 만약 단둘이 있을 때 아들이 난리를 피웠다면 다르게 대처했겠죠. 그녀의 견해가 내 자녀 양육 방식에 어떤 영향을 주어서는 안 된다. 이 간단한 깨달음이 제 인생을 바꿨습니다.

저는 자녀 양육에 관해 내리는 결정을 사람들에게 일일이 설명할 필요가 없죠. 학대나 방치만 아니라면 저에게 맞는 방식으로 아이를 양육하면 되니까요. 부모나 조부모, 이웃들의 허락은 필요하지 않죠. 슈퍼마켓 계산대 직원이 눈알을 굴려도 상관없죠. 그 사람들이 내 아들과 딸을 키워주지는 않으니까요. 그 아이들의 행동을 상대해야 하는 사람은 접니다. 아이가 앞 좌석을 발로 차는 순간 저는 무시해야 했죠. 거의 신경을 꺼야 했죠. 아이는 좌절감을 표현한 건데 저는 아이의 행동을 강화하고 계속되게 만들었죠. 아이의 발을 내려 잡고 있거나 카시트를 벗겨 그만하게 만들어야 했어요. 그 행동에 계속 관심을 주면 안 되는 거였죠.

저가 항공사 제트블루(JetBlue)는 2016년에 어른이나 아이나 모두 비행이 힘들 수 있다는 사실을 인정하며, 어머니날 맞이 이벤트를 시행했습니다. 비행기가 이륙하기 전 승무원이 마이크에 대고 말했어요. "아기가 한 번 울 때마다 다음번 항공권을 25퍼센트 할인받으실 수 있습니다. 그러니까, 아기가 네 번 울면 편도 항공권이 생깁니다." 승객들이 환호했죠. 흥분한(약간 삐뚤어진) 승객들은 아기의 첫울음이 터져 나오기를 기다렸고요.

비행 도중 네 명의 아기가 울음을 터뜨렸고 모든 승객에게는 공짜 편도 항공권이 생겼습니다. 흐뭇한 전략이지만 부모들이 밖에서 얼마나 험난한 전쟁을 겪어야 하는지를 말해주는 사례이기도 하죠. 어린 자녀를 둔 부모들이 조금이라도 이해를 받으려면, 아기의 지극히 정상적인 행동을 참아달라고 승객들에게 큰 대가를 지급해야 한다니. 하지만 문제는 현실에서 대다수 사람은 그 특별한 날 제트블루 비행기에 탄 승객들처럼 운이 좋지 않다는 거죠. 아이의 아이다운 행동을 받아주는 대가가 지급되지 않으니까요.

모르는 사람들이 아이의 행동을 가지고 부모에게 창피와 비난의 화살을 던지기 일쑤이니, 부모는 그 감시하는 시선에 대처하는 법을 배워야 합니다. 이 장에서는 밖에서 아이의 곤란한 행동을 다루는 방법을 살펴보려 합니다.

이러쿵저러쿵하는 사람들
신경 끄고 무시하기

집 밖에서 아이를 무시하는 방법을 살펴보기 전에, 부모의 선택에 부정적인 영향을 끼치는 목소리들에 관해 이야기해볼까요. 현대의 부모들은 어딜 가나 감시의 눈길을 받습니다. 자녀 양육이 비밀리에 이루어지지 않죠. 스마트폰과 비디오카메라가 항상 부모를 향합니다. 트위터와 페이스북으로 매시간(유명한 그 카다시안 가족의 경우 2, 3초마다) 의견을 공유합니다. 감시의 눈에서 자유롭기가 어렵죠. 수치심을 주는 행위에서 자유롭기도 어렵고요.

전업맘들은 워킹맘들이 현장학습이나 어머니회 활동에 제대로 참여하는지 감시합니다. 워킹맘들은 전업맘 무리에 동요가 없는지 주시하고요. 모유 수유하는 사람들은 자랑스럽게 드러내고 분유를 먹이는 사람들은 구석에서 조용히 고개를 숙입니다. 엄격한 유기농 식단만 고집하는 사람들은 자발적 선택 또는 경제 사정으로 유기농을 추구하지 않는 사람들 앞에서 잘난 척합니다. 아이와 한방에서 자는 애착 강한 부모들은 아이를 어린이집에 맡기고 24시간 옆에서 대기하지 않는 부모들에게 혀를 내두르죠.

뉴스나 소셜 미디어를 보면 제가 사람들이 의문을 제기하는 방식으로 아이를 키우고 있는 게 아닌가 싶을 거예요. 조심해야 합니다. 사람들의 분노는 빠르고 가차 없으니까요. 네브래스카주 엘크혼(Elkhorn)에 사는 맷과 멜리사 그레이브스(Melissa Graves) 부부에게 일어난 일을 살펴볼까요.

이 부부는 2016년 6월에 세 자녀를 데리고 올랜도 주에 있는 디즈니월드에 갔습니다. 그들이 묵은 곳은 그랜드 플로리디언 리조트 & 스파(Grand Floridian Resort & Spa)였다. 이 부부의 어린 아들이 리조트 내의 작은 늪에 들어갔다가 악어에 잡히고 말았죠. 부모가 현장에 있었는데, 아빠는 악어가 물고 있는 아이를 빼내려 했지만 실패했고 아이는 사망했습니다. 부부는 아이를 잃은 슬픔으로도 모자라 일부 부모들에게 공개적으로 망신을 당했습니다. 누군가는 트위터에 이렇게 올렸습니다. "악어는 악어다웠지만 부모는 부모답지 못했다." 이 게시글은 2,300회나 리트윗 됐죠. 잘난 척하는 누군가는 이렇게 적었습니다. "형편없는 부모 때문에 죄 없는 동물만 또 죽어나가는군." 친절한 누군가는 또 말했죠. "악어에게 잡아먹힌 두 살짜리는 하나도 안 불쌍해. 걔네 아빠가 경고문을 무시했으니까."

디즈니 월드에서 부모가 바로 옆에 서 있는 상태로 아이가 악어에 잡혀갔는데도 사람들의 동정을 얻지 못한다면, 어떤 불행한 일을 당해도 동정받지 못할 것 같네요.

부모의 사소한 결정마저 사람들의 입방아에 오르내립니다. 컨트리 가수 제나 크레이머(Jana Kramer)는 슈퍼마켓 계산대에 아기 이유식을 잔뜩 올려놓은 사진을 트위터에 올렸다가 그 사실을 깨달았죠. "이제부터 시작이구나. #이유식"이라는 설명이 달린 사진이었습니다. 제나는 다음과 같은 맹공격을 예상하지 못했을 거예요.

- 사 먹이지 말고 직접 만들어 먹이세요! 편하지만 엄마가 직접 만든 유아식보다 영양가가 떨어지니까.
- 직접 만드세요. 더 싸고 건강에도 좋아요. ;)
- 직접 만들어요. 돈도 아끼고 아이한테도 더 좋아요.

- 내 여동생은 이유식을 직접 만들어 먹였는데 건강에 더 좋아요. 조카가 이제 다섯 살인데 가공식품은 손도 안 댑니다.
- 직접 만드는 거 쉬워요! 아무 과일이나 채소를 쪄서 으깨면 돼요. 방부제를 피할 수 있어요!

사람들이 좋은 의도로 한 말이었을까요? 모르겠네요. 그럴지도 모르죠. 하지만 수동 공격적인 비난처럼 느껴지는군요. 다행히 크레이머는 수치심을 느끼게 하려는 사람들의 말을 담아두지 않았죠. 그녀는 직접 쓴 편지 사진으로 대응했습니다. "엄마에게 수치심을 주려는 분들에게, 졸리의 의사 선생님이나 아빠, 엄마가 아니라면 내 아이를 어떻게 키우든 간섭하지 마세요. 진심을 담아, 졸리 엄마가"

제나 크레이머 사건은 많은 것을 가르쳐줍니다. 저런 말을 들으면 개인적으로 받아들이기가 너무 쉽죠. 많은 부모가 시판 이유식을 사 먹인다는 비판을 깊이 받아들여, 평균보다 못한 부모라는 끔찍한 기분을 느끼고 곧 아마존에서 500달러 이유식 기기를 구매합니다. 미묘하지만 확실히 그렇게 됩니다. 수치심을 느끼고 그 결과 자녀 양육 방식에 변화를 줍니다. 문제는 한 가정에 효과적인 방법이 모든 가정에 효과적이지는 않다는 거예요.

도널드 W. 위니캇(Donald W. Winnicott)은 1950년대의 소아 청소

년과 의사 겸 정신분석학자입니다. 이행 대상(transitional object)에 관한 그의 이론은 모든 아이에게 애착 대상이 있는 이유를 설명해주죠. 부모가 옆에 없어도 부모를 대신해 안전함을 느끼게 해주는 대상을 말합니다. 위니캇은 "충분히 좋은 어머니"라는 개념으로도 잘 알려져 있죠. 그는 좋은 어머니가 되는 방법은 충분히 좋은 어머니가 되는 것이라고 믿었습니다. (위니캇이 어머니들이 주요 보호자였던 1950년대의 영국에서 활동했다는 사실을 기억하세요. 요즘 시대에는 "어머니"라는 단어 대신 "부모"를 넣으면 되죠.) 아이들에게 완벽한 부모가 필요하지 않다는 뜻이었죠. 완벽하지 않은 부모가 아이들에게 훨씬 더 좋아요. 아이들은 어머니와 아버지가 완벽하지 않은 모습을 보며 험난한 바깥세상에 적응하는 법을 배웁니다.

위니캇은 부모가 완벽하지 않다는 사실을 알고 있었습니다. 뿐만 아니라 결점이 아이와 부모에게 더 좋은 결과를 가져다준다는 사실까지 알아차렸죠. 세상이 부모들의 경쟁심을 자극할 때마다 이 사실을 기억합시다. 다음에 누군가 비행기 안에서 따가운 시선을 보내면, 나는 충분히 좋은 부모이고 완벽한 부모보다 훨씬 낫다는 사실을 기억하세요. 아이가 대형할인점 계산대에서 생떼를 부릴 때도 그 사실을 떠올리세요. 놀이터에서 스마트폰을 보려고 하는 순간 아이가 놀이기구에서 떨어져도 초조해하지 마세요. 당신은 충분히 좋은 부모니까요.

밝에서 사람들의 시선에 대처하는 요령

- 너무 진지하게 받아들이지 마라.
- 하루 일진이 나쁘다면 웃어넘겨라.
- 다시는 못 볼 사람이라는 사실을 떠올려라.
- 내 자식을 키우는 것은 저들이 아니라 바로 나다!

집 밖에서
신경 끄고 무시하기

밖에서는 사람들의 따가운 시선과 판단 때문에 아이를 무시하려면 심한 스트레스가 따르죠. 모르는 이들의 경멸하는 시선을 이겨내고 부모를 필요로 하는 것처럼 보이는 아이를 무시하기란 대단히 힘들 수밖에요. 하지만 밖에서 아이를 무시하기가 어려운 이유는 경멸의 시선 때문만은 아닙니다. '선택적 무시'는 아이가 바람직하지 못한 행동을 했을 때 아무런 관심도 쏟아지지 않아야만 성공합니다. 우는 아이에게 향하는 남들의 시선만으로 행동이 강화될 수 있죠.

예를 들어 제 딸이 다섯 살이었을 때 쿠키를 몰래 훔쳐 먹다가 들켰어요. 저희 부부는 벌로 일주일 동안 디저트를 주지 않기로 했죠. 그런데 처벌이 순조롭게 진행되던 어느 날, 우리 부부의 친구 루이즈의 아들 조너선의 생일파티가 찾아왔습니다.

루이즈는 이탈리아인이라(중요한 사실입니다!) 파티에 푸짐한 음식을 준비하는 것으로 유명했죠. 이탈리아인임을 자랑스럽게 여기는 그녀는 파티 때마다 놀라운 음식과 디저트를 준비합니다. 조너선의 생일파티에도 솜사탕 기계와, 보기만 해도 멋진 이탈리아 쿠키, 초콜릿 분수, 쌀과자, 마음대로 가져가도 되는 온갖 사탕과 초콜릿이 가득했죠. 우리 딸은 너무 좋아 기절할 지경이더라고요. 우리 부부는 아이가 안쓰러웠지만 디저트 금지라는 뜻을 굽히지 않았습니다. 아이가 파티에서 울고 떼를 써도 모조리 무시했죠. 그래야만 했습니다.

그런데 루이즈의 할머니가 우는 아이를 보고 우리에게 다가와 걱정스러운 얼굴로 말했습니다. "파티에서 우는 사람이 있으면 안 되지." 우리는 아이가 속상해하는 이유를 설명해줬지만, 인자한 할머니에게는 통하지 않았죠. 할머니는 아이의 손을 잡고 디저트가 놓인 테이블로 데려갔습니다. 아이는 망설이는 듯했죠. 친절한 할머니가 주는 디저트를 받아도 될까? 아이는 불안하지만 희망이 담긴 표정으로 엄마, 아빠를 쳐다봤어요. 저는 인자한 할머니에게서 딸을 데리러 갔고 그 과정에서 새로운 소동이 일어났죠. 이번에 아이는 전과 비교도 안 되는 수준으로 울음을 터뜨렸습니다. 주변 사람들이 지켜보며 간섭할 것이라는 사실을 알았기 때문이죠. 하지만 우리 부부의 의지가 워낙 강경해, 아이에게는 끝까지 디저트가 허락되지 않았습니다.

밖에서 아이를 무시하기가 어려운 이유가 바로 이 때문입니다. '선택적 무시'가 효과를 거두려면 행동의 강화와 이익이 전부 제거되어야 합니다. 이는 신중한 준비와 연습으로 극복할 수 있습니다.

집에서 시작하라

거슬리는 행동을 하거나 소리 지르는 아이를 무시하기란 쉽지 않죠. 쉬워 보이지만 연습이 필요합니다. 울고 소리 지르고 떼쓰는 행동에 반응하는 것이 인간의 본성이기 때문이죠. '선택적 무시'는 밖에서 활용하기 전에 집에서 먼저 연습을 통해 완벽해져야 합니다. 어떻게 해서든 부모를 유인하려는 아이의 시도를 전부 무시해야 합니다. 조금만 더 TV를 보겠다고 애원하는 아이에게서 등을 돌릴 수 있나요? 포크를 두드리는 것 같은 거슬리는 소리가 (적어도 예전만큼은) 신경 쓰이지 않나요? 무시하기로 한 행동들의 강도나 횟수가 조금 줄어들었나요? 그렇다면 밖에서도 무시할 준비가 된 것입니다. 하지만 서두르지 마세요. 처음에 무시했다가 아이의 행동이 점점 심해져 결국 반응하게 된다면 좋지 않습니다. 그러면 아이에게 더 떼쓰면 원하는 것을 얻을 수 있다는 사실만 가르쳐줄 뿐, 행동이 고쳐지지 않아요. 따라서 밖에서 무시하려면 완벽하게 준비되어야 합니다.

미리 계획하라

집 밖에서 아이를 무시하는 힘든 과제를 수행할 준비가 갖춰지려면 미리 계획을 세워야 합니다. 평소 아이가 주로 말썽을 피우는 장소를 떠올려보세요. 대형할인점과 슈퍼마켓은 부모와 아이의 줄다리기가 벌어지는 흔한 장소죠. 기념품 가게, 차 안, 친척 집도 밖에서 '선택적 무시'를 시작해보는 장소로 적합합니다. 가장 알맞은 장소를 정한 후 준비하세요. 무시하기의 단계를 복습합니다. "나는 느긋한 독서가 좋아"를 떠올리고 잊어버리지 않도록 몇 번 (소리 내어) 외우세요.

'선택적 무시' 복습

무시: 전혀 반응하지 않고 소리도 내지 않는다. 아이에게 관심을 완전히 거둔다.
경청: 아이의 행동이 멈추면 곧바로 다시 개입할 수 있도록 유심히 귀 기울인다.
재개입: 빠르게 개입한다.
수리: 필요한 경우 사과나 청소를 시킨다.

그다음에는 가게 안에서 징징거리는 아이를 무시하는 모습을 상상합니다. 못마땅한 표정으로 수군대는 사람들을 떠올리세요. 전부 떨쳐버리고 아이에게만 집중합니다. "도움을 주려" 지켜보는 사람들에게 "제가 알아서 할게요"라고 말하는 자신을 떠올리세요. 전혀 개의치 마세요. 자

신이 충분히 좋은 부모이고 이 상황을 해결할 수 있다는 사실을 떠올리세요.

자주 문제가 발생하는 장소에 갔는데 아이가 평소와 달리 얌전하게 군다면, '선택적 무시'를 시도할 수 없다고 실망하지 마세요. 대신 아이의 바람직한 행동을 칭찬해주면 됩니다. 그리고 다음번 기회를 위해 만반의 준비를 하세요.

시간과 장소

아이의 행동을 무시하면 안 되는 장소가 있습니다. 작은 식당, 조부모의 칠순 잔치, 큰아이의 졸업식 등은 '선택적 무시'를 실시하기에 적합한 장소가 아니죠.

부모가 아무리 관심을 거두어도 관심을 제공하는 외부 힘이 너무 많을 때가 있습니다. 그러면 부모가 무시해도 누군가는 아이의 행동을 강화하죠. 부모가 큰 좌절감을 느낄 수 있습니다(아이의 행동에 대한 좌절감보다 더 클 거예요). 따라서 외부인의 간섭을 통제할 수 있을 때까지는 아이를 무시하지 마세요. 대신 다른 훈육법이나 예방 기법을 활용하세요(10장과 11장에서 더 자세히 살펴볼 내용입니다).

밖에서 '선택적 무시'로 훈육하면 안 되는 또 다른 상황은 어른 혼자서 아이 여러 명을 감독할 때입니다. 예를 들어 여기저기 걸어 다니는 유아를 살피면서 말썽부리는 네 살배기 아이를 무시하기는 힘들죠. 이 때는 '선택적 무시'는 제쳐두고 다른 훈육법을 찾아야 합니다.

곤란한 장소라도 몇 가지 수정으로 '선택적 무시'를 활용할 수 있을 때도 있죠. 엘리자베스와 존 부부는 아이들과 레스토랑에서 저녁을 먹기로 했습니다. 이웃의 생일파티에 다녀온 후라 아이들은 단 음식을 잔뜩 먹었죠. 저녁 식사는 수월하게 지나갔습니다. 하지만 존이 디저트를 먹겠느냐는 웨이터의 제안을 거절하자 딸 마야가 점점 커지는 목소리로 성질을 부리기 시작했죠. 엄마, 아빠가 세상에서 제일 나쁘다고 소리를 질러댔습니다.

작은 레스토랑이라 아이의 격분 행동이 다른 손님들의 식사에 방해가 됐죠. 이 상황에서 아이의 행동을 무시하는 것은 옳지 않을 터. 그래서 아빠는 무시하는 대신 마야를 밖으로 데리고 나갔습니다. 아무 말도 하지 않고 아이가 디저트를 먹겠다고 조르는 행동을 멈출 때까지 그저 인도에서 기다렸죠. 드디어 아이가 조용해지자 아빠가 자신은 안으로 들어갈 준비가 됐다고 말했습니다. 이 부부는 집에서 '선택적 무시' 훈육법을 연습했기 때문에 마야는 곧바로 상황을 파악했죠. 엄마, 아빠가 무시하기 시작하면 게임 끝이라는 사실을 알고 있었습니다. 이길 수 없음을 알고 마야는 곧바로 포기했죠.

아빠와 마야는 레스토랑으로 들어가 다시 자리에 앉았습니다. 사람들이 쳐다봤어요. 다들 시끄러운 아이를 한 번 더 보려고 했죠. 하지만 존과 엘리자베스 부부는 개의치 않았습니다. 그들은 자랑스러운 미소를 주고받았죠. 마야의 협상 행동을 완전히 고치는 데 한 걸음 더 가까워졌으니까요.

타임아웃과 마찬가지로 '선택적 무시'도 장소에 신경 써야 합니다. 적당한 장소를 구분해야 하죠. 밖에서 무시하려면, 사람이 되도록 적고 아이의 행동이 남들에게 불편을 초래하지 않거나 한걸음 뒤로 물러나 아이를 무시할 수 있는 장소여야 합니다. 저는 주차장과 차 안, 인도, 레스토랑 화장실에서 실행해본 적이 있어요.

결론은?

9세 캘빈은 원하는 것을 얻는 데 익숙합니다. 엄마와 아빠, 비니와 셰일라가 뭔가를 안 된다고 할 때마다, 캘빈은 한바탕 생떼를 부리죠. 보통은 엄마가 당혹감과 피로감에 져주기 마련입니다. 시간이 지나면서 그것은 캘빈과 부모의 방식으로 자리 잡았죠. 부모는 아이의 몸을 한 괴물에게 인질로 붙잡힌 기분이었어요. '선택적 무시' 훈육법을 접한 그들은 아들이 떼쓸 때마다 반응하고 관심을 주어 오히려 행동을 강화했다는 사실을 깨달았습니다. 과학박물관에 놀러 갔을 때 '선택적 무시'를 시도해보기로 했죠. 캘빈이 기념품 가게에서 장난감을 사달라고 합니다. 안 된다고 하자 심하게 떼를 썼죠. 악을 쓰고 시끄럽게 울었어요. 부모는 사람들의 따가운 시선을 느꼈지만 '선택적 무시'의 원리를 안다고 자신 했기에 조용히 다른 곳으로 갔습니다. 아이를 주시하면서 책을 보는 척 했죠. 다른 손님들은 기겁했어요. 캘빈은 혼란에 빠졌고요. 순간 비니와 셰일라도 의구심이 들었습니다. 하지만 캘빈을 키우는 사람은 저들이 아니니까 신경 쓸 필요가 없다는 사실이 떠올랐죠.

평소 캘빈은 떼를 쓰면 즉각 효과를 봤습니다. 하지만 이번에 악을 쓰 며 고개를 들자 다른 손님들의 얼굴만 보였어요. 갑자기 아이는 창피해 졌죠. 엄마와 아빠도 전혀 관심을 보이지 않았고요. 아이는 일어나 조그 만 목소리로 그만 나가자고 했습니다. 부모는 뛸 듯이 기뻐하며 나갔습 니다. 엄마는 사랑스럽게 아들의 어깨를 잡고 출구로 걸어갔죠. 시간이 지날수록 캘빈의 떼쓰는 행동은 강도와 횟수가 줄어들었습니다. 부모는 아이의 바람직하지 못한 행동에 관심을 주는 대신 올바른 행동을 알아 차리는 데 집중했어요. 캘빈은 칭찬받을 때마다 기분이 좋았고 점수를 따서 박물관 기념품 가게의 장난감을 사기 위해 더욱 열심히 노력했죠.

비니와 셰일라는 박물관에서 옳은 행동을 했습니다. 원하는 대로 되 지 않으면 떼쓰는 캘빈의 버릇을 고쳐주는 데 필요한 일이었죠. 그들은 아이가 심하게 떼쓸까 봐 걱정하지 않고 외출하고 싶었어요. 중요한 난 관이었으므로 계속 과정에 집중했습니다. 그들은 기념품 가게에서 '선택적 무시' 훈육법을 성공적으로 활용했어요. 서로에게 필요한 힘을 실어줬고 타인의 시선에 흔들리지 않았습니다. 비니와 셰일라는 캘빈이 진정한 후 곧바로 개입했죠. 캘빈은 부모의 분위기를 파악하고 곧바로 떼쓰기를 멈추었습니다.

TIP BOX
꼭 기억하기

- 내 아이를 키우는 것은 나다. 남들의 시선은 중요하지 않다.
- 어느 정도 괜찮은 부모가 완벽한 부모보다 낫다.
- 먼저 집에서 '선택적 무시'를 연습하고 미리 계획을 세워놓은 후에 밖에서 활용한다.

효과가 나타나지 않고
오히려 나빠진다면?

*This Don't Working
Everything Is Getting Worse*

저는 자녀 양육 코칭 전문가로 일하면서 고객들에게 많은 이야기를 해주지만, 누구도 듣고 싶어 하지 않는 말이 있습니다. "효과가 나타나기 전에 행동이 오히려 심해질 거예요." 이 말을 반기는 사람은 단 한 명도 없죠. 부모들은 자녀의 행동이 오히려 심해질 것이라는 말을 듣고 싶어 하지 않으니까요. 즉각적인 답과 즉각적인 해결책을 원하니까요. 곧바로 아이가 울음을 그치고 건강에 좋은 음식을 먹고 8시간 내리 푹 자기를 원하니까요.

저도 이해합니다. 정말 진심으로요.

하지만 현실은 가혹합니다. '선택적 무시' 훈육법을 써도 효과보다 악화가 먼저 나타날 수 있죠. 대체 이게 무슨 말인지 알려주는 사례를 소개합니다.

초등학생 시절을 기억하시나요? 답을 아는 문제가 있으면 좀처럼 자리에 가만히 앉아 있지 못하는 아이가 한 명은 있었죠. "아, 저 알아요!"라면서 손을 번쩍 들고 손가락을 튕기고 손뼉을 치는 등, 선생님의 관심을 얻으려고 의자에서 거의 굴러 떨어질 듯 소란을 피우는 아이.

교사인 친구 조디의 반에도 그런 아이가 있었습니다다. 조지는 야단맞으면서도 관심 끄는 데 효과적이라는 사실을 알기에 요란하게 손을 들었죠. 하지만 조디는 조지에게 발표를 시키지 않을 때도 있었어요. 대신 "조지, 조용히 앉아서 손들지 않으면 모르는 척할 거야"라고 말했습니다. 하지만 그것은 발표를 시키지 않더라도 관심을 주는 행동이었죠.

'선택적 무시' 훈육법을 들은 조디는, 자신이 조디의 부적절한 행동을 알아주는 실수를 저질렀음을 깨달았어요. 발표시켜달라고 난리를 피우는 아이를 쳐다보는 것만으로 행동이 강화된 거죠. 조디는 '선택적 무시'를 쓰기로 했습니다. 조지나 다른 학생이 자리에서 일어나 미친 듯 손을 흔들면 무시했죠.

다음 날 조지는 답을 말하고 싶어 또 안달이었습니다. 평소와 마찬가지로 미친 듯 손을 흔들었죠. 하지만 이번에는 선생님의 관심을 얻지 못했습니다. 뭔가 잘못됐어,라는 생각이 들었을 거예요.

조지는 답을 알고 있다는 사실을 표현하기 위해 더 시끄럽고 공격적으로 굴었죠. 하지만 조디는 여전히 조지를 무시하고 왼쪽으로 세 칸 건너에 앉은 조용한 여학생에게 발표를 시켰습니다. 그날 똑같은 상황이 또 반복됐어요. 조지는 눈에 띄려고 온갖 수를 다 썼지만 선생님은 계속 모른 척했죠. 위아래로 폴짝폴짝 뛰고 선생님 이름을 부르고 애원했습니다. 선생님이 자신을 보지 못하는 것 같아 자리에서 폴짝폴짝 뛰었죠.

"존스 선생님! 존스 선생님! 선생님!" 선생님을 계속 소리쳐 불렀지만 이상하게도 선생님은 조지를 보지도 듣지도 못했죠. 무슨 일인지 알 수 없었던 조지는 자리에서 일어나 답을 말해버렸어요. 하지만 '선택적 무시'를 활용하는 조디는 계속 조지를 무시했죠. 혼란에 빠진 조지의 행동은 더욱 심해졌어요. 계속 소리 지르고 책상을 쳤죠. 조디는 저에게 전화해 효과가 없다고 말했습니다. "더 힘들어지고 있어"라며 한숨을 쉬었죠. "난 도저히 감당 못 하겠어."

저는 조디에게 말했어요. "날 믿어. 분명 신통하게 잘 들을 거야." 몇 주 후 다시 전화가 왔습니다. "믿을 수가 없어. 조지가 완전히 변했어!"

이 장에서는 '선택적 무시'로 훈육하면 아이의 행동이 더 심해지기도 하는 이유와, 그럴 때의 대처 방법, 분명히 효과가 나타나는 이유에 관해 살펴보겠습니다.

소거 발작이란?

'선택적 무시'로 훈육하면 개선되기 전에 잠깐 행동이 더 심해지는 기간이 발생할 수 있습니다. 이것을 소거 발작이라고 하는데, 광범위한 연구가 이루어진 현상입니다. 연구에 따르면 부모가 무시하는 자녀의 행동은 개선되기 전에 오히려 강도와 횟수, 지속 시간이 심해질 수 있어요.

어른의 눈높이에 맞춰 그 이유를 살펴볼까요. 32도의 한여름 날씨에 장거리를 달린다고 가정해보죠. 마지막 1.6킬로미터 동안 목적지에서 기다리는 시원한 게토레이를 떠올립니다. 자판기에 지폐를 넣고 버튼을 누르지만 아무것도 나오지 않네요. 탁. 탁. 탁. 탁. 버튼을 전부 다 눌러봐도 마찬가지고요.

아무래도 소용없습니다. 피가 거꾸로 솟는 기분을 느끼게 되네요. 이마에서 땀이 흘러내립니다. 간절히 원하는 음료수가 나오기를 바라며 자판기를 마구 칩니다. 그래도 소용없다니! 화가 치밉니다! 마지막으로 자판기를 발로 차고 가버립니다. 게토레이는 끝까지 나오지 않았죠.
이 보기와 '선택적 무시'에 어떤 관계가 있는지 한번 분석해볼까요.

문제 행동: 자판기에 돈을 넣는 행동(부모의 관점에서는 아이의 생떼 부리기에 해당)

긍정적 강화: 음료수를 얻는 것(계산대에서 초코바를 사주는 것)

'선택적 무시' 적용: 문제 행동에 더 보상이 이루어지지 않는다. 따라서 자판기에 돈을 넣어도 음료수가 나오지 않는다. (부모가 아이의 떼쓰는 행동을 무시하기 시작한다.)

소거 발작: 화난 상태로 자판기를 작동시키려 발로 차는 행동

다음에 똑같은 일이 생기면 어떻게 할까요? 시원한 음료수를 미리 준비한다거나 근처 편의점을 알아본다거나 대안을 준비하겠죠. 하지만 아직 깨달음을 얻지 못했다면? 또 햇볕이 쨍쨍 내리쬐는 한여름에 먼 거리를 달립니다. 자판기에 도착해 돈을 넣습니다. 역시 음료수가 나오지 않네요. 또 화가 나겠죠. 자판기뿐만 아니라 똑같은 실수를 한 자신에게도 화가 나고요. 음료수가 나올지도 모른다는 마지막 시도로 자판기에 펀치를 날려봅니다만!

손은 아파 죽겠는데 음료수는 나오지 않네요. 두 번 실패한 뒤엔 이제 자판기에 돈을 넣지 않겠죠. "한번 속으면 속인 사람이 나쁘지만 두 번 속으면 속은 사람이 바보다"라는 옛말도 있잖아요. 이제 자판기에서 음료수가 나오지 않으니 갈증을 해소하는 다른 방법을 찾아야 한다는 사실을 깨닫게 되죠.

'선택적 무시' 훈육법을 처음 시작할 때 나타날 수 있는 소거 발작에는 이 자판기 시나리오 같은 상황이 흔히 일어납니다. 바람직하지 못한

행동에 오랫동안 보상이 주어졌기 때문에 생기는 당연한 결과입니다. 다행히 그 시기는 짧고 쉽게 극복할 수 있습니다.

소거 발작은 흔히 다음과 같은 방법으로 나타납니다.

- 더 잦아지는 떼쓰기
- 더 길어지는 떼쓰기
- 더 시끄러워지는 떼쓰기
- 욕설과 모욕적인 언어 사용 증가
- 완력 사용 증가
- 때리는 행동 증가
- 무는 행위가 나타날 수 있음
- 장난감 등 물건 던지기
- 물건 파괴
- 새로운 문제 행동의 등장
- 머리를 부딪친다거나 하는 자해 행동(응용 행동 분석을 전문으로 하는 상담가의 도움이 필요한 경우이다.)
- 보호자를 향한 위험한 행동(역시 외부의 도움을 받아야 한다.)

소거 발작은 문제 행동의 강도와 지속 시간, 횟수가 더 늘어난다는 사실을 기억하세요. 평소 하루에 세 번 격분 행동이 나타나는 아이라면 소거 발작은 다섯 번, 여섯 번, 일곱 번, 심지어 여덟 번까지 늘어날 수 있어요. 분노와 공격성도 더 심해질 겁니다.

보통 5~10분이면 진정하던 아이가 20분에서 40분이 걸릴 수 있습니다. "하지만" 중요한 사실은 마지막 발악 이후 보통은 분노 발작이 사라진다는 겁니다. 어떤 아이들은 특정 행동이 아예 사라져 다시는 나타나지 않아요. 그런가 하면 아예 뿌리뽑히지 않아도 놀라운 개선을 보이는 아이들도 있고요. 네 살 아이가 앞으로 다시는 격분하며 생떼를 부리지 않을까? 그럴 가능성은 매우 낮을 겁니다. 하지만 예전에는 일상이던 문제 행동이 크게 줄어들면 부모의 경험은 크게 개선됩니다.

소거: 강화하지 않는 방법으로 조건적 반응을 제거하거나 줄이는 과정. '선택적 무시' 훈육법의 필수다.

소거 발작: 처음에 '선택적 무시' 훈육법을 활용할 때 바람직하지 않은 행동의 횟수와 지속 시간, 강도가 일시적으로 심해지는 현상.

그만두지 말고 계속하라

소거 발작은 사람들을 속인다는 게 문제입니다. 부모는 문제를 발견하면 고치려 하고 행동 계획을 선택하죠. 그러다 첫 번째 문제 신호가 나타나면 물러나 항복합니다. 행동이 악화됐으니 자신이 선택한 개입 방법이 잘못됐다고 생각합니다. 차질이 발생하면 부모도 의욕이 꺾일 뿐 아니라, 아이는 좀 더 끔찍하게 굴면 부모의 생각이 바뀔 수 있다는 사실을 배웁니다. 그러면 훈육과 변화 시도가 더욱 어려워지겠죠.

비디오 게임을 손에서 놓지 않으려 하는 아이를 예로 들어볼까요. 엄마와 아빠는 아들 제이미가 저녁 식사 전에 엑스박스 360을 끄지 않으면 저녁 내내 게임기를 압수하겠다고 경고했습니다. 처음에 엄마, 아빠는 법칙을 제대로 시행하려 노력합니다. 화가 난 제이미가 심한 말을 쏟아붓지만 부모는 계속 무시하죠. 비디오 게임기를 압수당한 지 사흘째 되는 날 제이미는 폭발합니다. 아빠는 아직 퇴근하지 않아 엄마가 혼자 제이미를 무시하고 있죠. 제이미는 반박하고 불만을 퍼뜨리고 엄마의 옷과 머리 스타일을 비웃으며, 아무래도 엄마가 이번 달에 7~9킬로그램은 살이 찐 것 같다고 말합니다. 그리고 최후의 일격으로 엄마에게 장난감을 던지기 시작하네요. 하나가 엄마의 오른쪽 눈 바로 아래에 맞고 말았어요. 그 순간 한계점에 도달한 엄마가 소리칩니다. "밤새 게임을 하든지 말든지 네 맘대로 해. 상관 안 할 테니까!" 엄마는 방으로 뛰어들어가 눈물을 흘립니다.

엄마도 인간입니다. 참을 만큼 참았습니다. 하지만 엄마의 행동은 앞으로의 삶을 더욱 힘들게 만들었어요. 딱 한 번 무너졌지만 그 결과는 생각보다 훨씬 크고 또 오래갑니다.

소거 발작은 상당한 스트레스를 주지만 보통은 오래가지 않아요. 아이가 원하는 결과를 얻는 방법이 아님을 깨닫는 순간 소거 발작도 끝나니까요. 행동에 더 보상이 주어지지 않는다는 사실을 알아차리면 아이는 반발할 겁니다. 부모와의 관계에 변화가 생겼다는 사실에 실망하거나 분노하죠. 근무시간이 항상 아침 8시에서 오후 4시까지였다고 가정해보죠. 그런데 상사가 바뀐 후로 주말을 포함해 매일 11시부터 7시까지 일하라고 한다면 화가 날 수밖에요.

'선택적 무시' 훈육법도 마찬가지랍니다. 소거 발작이 일어날 것을 예상하면 흔들림 없이 나아갈 수 있어요. 또한 소거 발작은 '선택적 무시'의 효과가 나타난다는 증거이기도 합니다. 변화를 인지한 아이의 반응입니다. 좋은 현상이니 그만두지 말고 계속하세요!

연속적 소거 발작

소거 발작에 관해 다루어야 할 문제가 하나 더 있습니다. 한 행동에 대한 발작이 잠잠해지면 다른 행동에 대한 발작이 연이어 일어날 수 있다는 점입니다.

레이철을 살펴볼까요. 레이철은 심하게 징징대는 아이죠. 감자튀김이 스무 개뿐이라고 징징대고 레모네이드를 안 준다고 징징댑니다. 도자기에 직접 색칠하는 가게에 갔을 때도 징징거렸고요. 작은 조각상이 아니라 접시나 대접, 더 큰 조각상에 색칠하고 싶다고 엄마를 졸랐죠. 엄마는 안 된다고 했지만 레이철은 "안 된다"는 말을 순순히 받아들이는 법이 없어요. 쉬지 않고 징징거렸죠.

주변에 레이철 같은 아이가 있나요? 분명 있을 거예요.

엄마가 레이철의 징징대는 행동을 무시하기 시작하면서 레이철은 드디어 적수를 만났습니다. 엄마는 아이의 불평을 일일이 상대해줄 필요가 없다는 사실에 안도했죠. 부푼 기대를 안고 징징대는 행동을 무시하기 시작했어요. 아이의 불평이 멈추면 곧바로 재개입해야 한다는 것도 알고 있었죠.

레이철은 엄마가 자신의 징징거림을 무시할 때마다 충격을 받았습니다. 징징대고 불평하고 조르면 열에 아홉 번은 원하는 대로 할 수 있었죠. 감자튀김과 레모네이드가 주어졌고요. 부정적인 관심일 때도 있었지만 레이철은 상관없었죠. 소리 지르며 혼낼 때 엄마의 관심은 일이나 휴대전화기, 오빠가 아니라 자신에게로 향하니까요.

레이철은 평소의 방법이 이제 통하지 않는다는 사실을 깨닫고 분노했지만, 다시 침착하게 노력을 두 배로 늘리기로 합니다. 두 배로 더 징징대면 엄마가 지칠 터였으니까요. 그러면 화가 나서 평소와 마찬가지로 져줄 거라고 생각했죠. 레이철의 행동은 점점 심해졌어요. 몇 배로 더요. 더 시끄럽고 못되고 거슬리게 굴고 불평을 늘어놨죠.

엄마는 소거 발작을 예상해야 한다는 사실을 알고 있었습니다. 하지만 레이철의 경우는 보통 아이들보다 더 복잡했어요. 부모를 조종해온 시간이 너무 길었기 때문이죠. 부모가 잘못된 행동에 오랫동안 보상을 해줬기에 행동의 신호가 전부 제거되려면 더 오래 걸릴 터였습니다.

그래프 1은 레이철의 소거 발작이 나타난 양상을 보여줍니다. 엄마는 '선택적 무시'로 훈육하기 전에 8일 동안 아이가 하루에 몇 번이나 징징 댔는지 기록했어요. 보통은 하루에 5~7회였죠. 9일째 되는 날 엄마는 '선택적 무시'를 시작했고 레이철의 소거 발작도 시작됐어요. 그 후 며 칠 동안은 엄마에게 너무도 괴로운 시간이었습니다. 레이철의 징징거림 은 거의 올림픽 메달감이었죠. 9일, 10일, 11일째 되는 날에는 최소한 하루에 12회나 나타났어요. 엄마는 지쳤지만 포기하지 않았죠. 놀랍게 도 12일째 되는 날부터 줄어들기 시작하더니 그 후로는 하루에 한두 번 밖에 없었어요. 엄마로서는 쾌재를 부를 일이었죠! 아니, 축하하기는 아 직 일렀습니다.

'선택적 무시'가 레이철의 징징대는 행동에 효과적이었지만 다른 행 동들이 나타나기 시작했거든요. 엄마는 부적절한 행동을 모두 기록했어 요. 그 결과는 그래프 2에서 볼 수 있습니다. 레이철은 협상하려 들었죠. 징징거리는 행동은 어느덧 과거가 되고 그 자리를 협상이 차지했습니 다. 레이철은 협상으로 불가능한 일은 없다고 생각하는 능숙한 중재자 였어요. 13일~16일까지 능숙하게 협상을 했죠.

그래프 1: 레이철의 초기 소거 발작

레이첼의 징징대는 행동

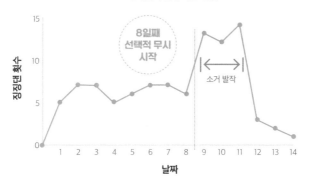

엄마는 협상이 징징대는 행동의 대안이라는 사실을 알아차리고 협상 행동도 전부 무시했어요. 17일째 되는 날에는 협상이 거의 사라졌죠. 엄마가 '선택적 무시'를 그만두려는 순간 마지막 소거 발작이 나타났습니다. 모욕 행동이었어요. 엄마는 약간 놀랐죠. 평소보다 심하게 징징대고 횟수도 늘어날 수 있다는 사실은 알았지만 이 행동은 몹시 불쾌했거든요. 저는 그동안 레이철이 부모를 조종할 수 있었기 때문에, 그 정도의 수준에 이를 일이 없었던 것뿐이라고 설명했습니다. 매우 힘든 단계였지만 징징거림과 협상 행동에서 성공을 거두었으므로 엄마는 단호하게 계속했죠.

25일째 되는 날 레이철의 부적절한 행동이 거의 사라졌습니다. 하지만 엄마는 아직 남은 징징거림과 협상 행동이 나타날 때마다 경계를 늦

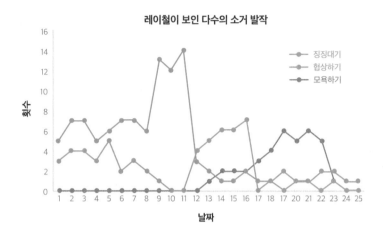

그래프 2: 소거 발작에 대처하는 방법

레이철이 보인 다수의 소거 발작

- 징징대기
- 협상하기
- 모욕하기

횟수

날짜

추지 않았죠. 계속 무시했고 아이의 행동도 그리 심하지 않았어요. 엄마의 기분이 크게 바뀌는 변화도 나타났어요. 엄마는 '선택적 무시'가 레이철은 둘째치고 자신까지 바꿔놓을 줄은 몰랐죠. 너무도 오랜만에 레이철과 보내는 시간이 즐거워졌으니까요.

꼭 기억해야 할 사실은 '선택적 무시' 훈육법을 한번 시작하면 아이의 부적절한 행동을 모두 무시해야 한다는 겁니다. 일관성을 지켜야 해요. 소거 발작은 대단히 힘든 시간이 될 수 있지만, '선택적 무시'의 효과가 나타나는 증거라는 사실도 기억하세요. 소거 발작이 나타나도 흔들리지 말고 계속 무시하세요. 그 직후에는 아이의 행동이 눈에 띄게 개선될 거예요. 그때까지 참고 무시하며 기다리세요!

1. 소거 발작을 '선택적 무시'의 효과가 나타나는 증거라고 생각한다.

2. 아이의 행동이 심해지면 아이의 끈기와 투지에 감탄하라. 비록 지금은 잘못 적용됐지만 훌륭한 특징이다.

3. 웃어라. 물론 아이 앞에서 웃지 않는다. 무시에 어긋나고 아이가 더욱 분노할 것이다. 머릿속으로 웃어라. 가끔 아이들의 입에서 믿을 수 없을 정도로 엉뚱한 말이 튀어나온다. 너무도 절박한 나머지 아무 말이나 마구 내뱉는 것이다. 유머 감각을 잃지 않는다면 힘든 시간을 잘 헤쳐나갈 수 있다.

4. 일관성을 지켜라. '선택적 무시'는 소거 발작 단계에서 가장 힘들어진다. 실수하기 쉽다. 하지만 일관성을 지킨다면 아이의 문제 행동에 대한 보상이 완전히 제거된다. 그래야 행동도 사라진다.

5. 재개입하기까지 너무 오래 기다리지 않는다. 다시 관심 둬 줄 기회를 놓치면 아이가 분노 행동을 보일 수도 있다. 최대한 빨리 재개입할 수 있도록 무시하는 도중에 유심히 귀 기울인다.

PART
03

'선택적 무시'로
찾은 행복

내 아이를 키우는 것은 나다. 남들의 시선은 중
요하지 않다. 어느 정도 괜찮은 부모가 완벽한
부모보다 낫다.

보상으로
바람직한 행동 장려하기

Encouraging Good Behavior and
the Opposite of Ignoring

비록 항상 그런 것 같지는 않지만 아이들은 부모를 기쁘게 해주고 싶어 하기도 하죠. 망설임 없이 벌보다는 칭찬을, 비난보다는 인정을 선택합니. 제대로 행동할 기회만 주면 거의 항상 제대로 행동하죠. 하지만 그런 기회를 어떻게 제공해야 할까요?

'선택적 무시'는 자녀 양육이라는 퍼즐에서 일부분만 해결해줍니다. 일상에서 좌절감과 분노를 안겨주는 아이의 행동을 다수 제거하도록 도와주죠. 그것만으로도 굉장합니다. 하지만 바람직한 행동을 늘려야 할 필요성은 여전히 남죠. 바람직하지 못한 행동을 무시하는 것만으로 충분하지 않으니까요. 좋은 행동을 장려해야 하니까요. '선택적 무시'의 기본 원칙은 강화되는 행동은 반복된다는 겁니다. 부모들은 자녀의 잘못된 행동만 강화하고 있어요.

열세 살인 제러미는 아침에 꾸물대서 자주 지각을 합니다. 제러미 엄마 제이니는 서두르라고 애원하고 애원하죠. 또 준비물을 찾지 못하는 아들에게 소리를 지르고요.

제이니는 스쿨 버스 타는 시간에 늦지 않도록 집 안을 뛰어다니며 제러미를 재촉합니다. 제러미가 엄마에게 소리를 지르네요. "내 바인더 어디 있어?" 스쿨 버스를 놓치면 엄마는 화난 얼굴로 학교까지 태워다줘야 합니다. "오늘도 스쿨 버스 놓치면 안 태워다 줄 거야." 하지만 아무런 의미도 없는 협박이죠. 제러미도 잘 알고요. 엄마는 정리정돈과 시간 관리, 아침 일과의 긍정적인 부분을 강화하는 대신 제러미의 단점만 강화하는 겁니다. 아이의 짜증에 관심을 주고, 자신이 나서서 대신 준비하고, 스쿨 버스 이용을 선택 사항으로 만들었죠.

엄마는 항상 스쿨 버스를 타지 못하면 어떻게 되는지 "조건"을 붙입니다. 하지만 그 조건이 실행되는 일은 없죠. 오히려 운전기사가 되어 편안하게 학교로 태워다줌으로써 버스를 놓치는 행위에 보상해줍니다. 엄마가 전부 알아서 해주는데 제러미가 제대로 행동해야 할 이유가 있을까요? 게다가 엄마가 자기 꼬리를 뒤쫓는 성난 황소처럼 집 안을 뛰어다니는 구경까지 할 수 있는데. 제러미는 상상만으로 웃음이 나겠죠.

연구에 따르면 소거('선택적 무시')는 긍정적 강화와 합쳐질 때 바람직하지 못한 행동을 훨씬 효과적으로 제거합니다. 올바른 행동에 강화가 이루어지면 소거 발작(개선 이전의 일시적 악화 단계)이 일어날 가능성도 줄어들고요.

하지만 긍정적인 것보다 부정적인 것에 초점을 맞추기가 쉬운 법이죠. 따라서 올바른 행동에 칭찬과 보상을 해주는 일은 바람직하지 못한 행동을 무시하는 것보다 더 힘들 수도 있어요. 하지만 긍정적 장려가 함께 이루어지지 않으면 나쁜 행동을 완전히 제거할 수 없을 거예요.

바람직하지 않은 행동의 반대는?

행동에는 목적이 있죠. 형제자매는 부모의 관심을 받으려고 싸웁니다. 아이는 좋아하는 맛 아이스크림을 두 스쿠프나 담으려고 조르고요. 10대 청소년은 혼자 있고 싶어 불쾌하고 무례한 행동을 합니다. 그러면 부모가 대개 기분이 나빠져 혼자 내버려두죠. 여자아이는 관심을 받고 싶어서 조금만 살짝 긁혀도 야단법석을 떱니다. 남자아이는 15분은 더

버틸 수 있다는 사실을 알기에 TV를 끄라는 말을 못 들은 척하죠.

행동에는 기능, 존재 이유가 있습니다. 바로 보상입니다. 자녀가 바람 직하지 않은 행동으로 어떤 보상을 얻는지 알고, 그와 똑같은 보상을 바람직한 행동에 적용하면 엄청난 변화가 생깁니다. 바람직한 행동이 늘어나면 바람직하지 않은 행동은 줄어들죠.

자녀에게 보상을 해주는 방법을 알아보기 전에 지금 무슨 보상을 주고 있는지 알아야 합니다. 저는 도움을 청하는 부모들에게 자녀가 어떤 행동을 보이기를 원하는지 먼저 물어봅니다. 보통은 다음과 같은 대답이 나오죠.

- 얌전하게 굴었으면 좋겠어요.
- 말을 좀 들었으면 좋겠어요.
- 무례한 행동이 사라졌으면 좋겠어요.
- 아이들끼리 치고받고 싸우지 않았으면 좋겠어요.
- 집 안을 어지르지 않았으면 좋겠어요.
- 원하는 대로 되지 않으면 징징대고 울고 협상하려는 행동이 사라졌으면 좋겠어요.

충분히 이해되는 목록이죠. 부모들이 원하는 내용이 모두 합리적입니다. 문제는 현재 상태로는 달성할 수 없는 목표라는 거예요. 모호하고 측정 불가능하죠. 아이가 얌전하게 굴거나 부모의 말에 귀 기울이는지 어떻게 알까요? "어지르지 않는 것"이란 또 무슨 뜻일까요?

언제 보상으로 반응해야 하는지 정확히 알려면 막연한 바람을 구체적이고 측정 가능한 행동으로 바꿔야 합니다. 바람직한 행동에 대해 생각해보는 가장 좋은 방법은 '선택적 무시'로 아이의 어떤 행동을 무시했는지 생각하는 거죠. 그 무시한 행동의 정반대가 무엇인지 생각해보세요. 관찰자가 측정할 수 있어야 합니다. 자녀의 없애고 싶은 행동은 모두 긍정적인 행동으로 교체되어야 합니다. 다음의 표에서 보기를 살펴보죠.

바람직하지 않은 행동	정반대의 측정 가능한 행동
징징대기	적절한 목소리와 표현으로 무언가를 요청한다
울기	원하는 것이 주어지지 않아도 떼쓰지 않는다
말대꾸하기	"안 된다"고 하면 받아들인다
어지르기	지저분한 옷을 바닥이 아닌 빨래 바구니에 넣는다
떠들기	집 안에서 적당한 목소리로 말한다
나쁜 식사 습관	냅킨과 포크, 나이프를 사용해 먹는다
무례함	"부탁해요"와 "고맙습니다"라는 표현을 사용한다
불쾌한 태도	가족 외출에 불평 없이 동행한다

그동안 무시한 행동들의 대체 행동이라고 생각하면 됩니다. 앞으로 더 자주 보고 싶은 구체적 행동을 찾은 후 그런 행동에 의도적으로 보상을 해주는 계획으로 넘어갑니다.

말에게 당근 주기

보상은 과제를 수행하는 유인이 됩니다. 보상에는 외적 보상과 내적 보상이 있어요. 외적 보상은 행동 동기의 밖에서 무언가 또는 누군가가 제공합니다. 동기는 유형의 보상이나 언어적 인정의 형태로 나올 수 있죠. 연봉 인상, "잘했어!"라는 말, 좋은 점수마다 1달러씩 받는 것(점수 자체도 외적 강화에 속한다) 등입니다. 내적 강화의 행동 동기는 내면에서 나옵니다. 아이가 재미있어서 어떤 스포츠를 하는 것이 바로 내적 강화죠. 만약 아빠를 자랑스럽게 해주고 싶어서 또는 트로피를 타기 위해 하는 것이라면 외적 강화에 속합니다.

부모는 보상이 없으면 동기가 부여되지 않을까 봐 걱정스러워서, 자녀에게 외적 보상을 주는 일을 주저하기도 합니다. 하지만 연구 결과로 전적으로 뒷받침되지 않는 걱정일 뿐이에요. 연구에 따르면 복잡하고 노동 집중적이고 창의적인 과제일수록 외적 보상이 효과적이지 못하고 오히려 관심도와 결과물의 질이 떨어진다고 합니다. 또 이미 내적 동기가 존재할 때도 외적 유인이 해로울 수 있어요. 하지만 (방 청소나 식기세척기에서 그릇 꺼내기 등) 본질적으로 즐겁지 않은 일이거나, 오랫동안 부적절한 행동 패턴이 굳어진 일이라면 외적 보상을 마련해 올바른 행동의 시동을 걸어야 합니다.

제러미의 이야기로 돌아가보까요. 현재 제러미는 제때 학교 갈 준비를 하려는 내적 동기가 전혀 없어요. 학교 수업도 스쿨 버스도 싫은데 꾸물거리는 전략이 완벽하게 잘 들어맞고 있죠. 엄마가 제러미에게 변화할 동기를 부여하려면 외적 보상으로 시작해야 합니다.

외적 보상은 내적 동기를 발달시켜줄 수도 있죠. 할머니가 거리를 건너고 있어요. 10대 아이가 지나칠 때 할머니가 넘어집니다. 앞에서는 빠른 속도로 트럭이 달려옵니다. 10대는 달려가 할머니를 안아 인도로 옮깁니다. 사람들이 몰려들어 할머니를 돕기 위해 위험을 무릅쓴 10대를 칭찬합니다. 할머니도 고마워하고 아이는 경찰서장으로부터 "모범 시민상"도 받죠. 며칠 후 신문사에서 인터뷰 요청까지 들어오고요.

이 아이는 할머니를 왜 도와줬을까요? 지역의 영웅이 되기 위해서였을까요? 노인을 공경하고 보살펴야 한다는 가르침 때문이었을까요? 분명 후자가 작용했을 겁니다. 하지만 부모가 노인을 도우라고 어떤 식으로 가르쳤을까요? 솔선수범을 통해 가르쳤을지도 모르죠. 아이가 식당에서 뒷사람을 위해 문을 잡아줬을 때 칭찬도 해줬겠고요. 아픈 할아버지의 식사를 도와주는 아이에게 고마움을 표현했을 수도 있죠. 어른을 공경하는 행동을 할 때마다 미소를 보이거나 고개를 끄덕이거나 엄지를 치켜세웠을지도요. 이 소년의 부모는 아들이 올바른 행동을 할 때마다 긍정적 강화(외적 보상)를 제공했습니다. 소년은 그런 식으로 인정받는 것이 좋아서 계속 남을 돕는 사람이 됐죠. 결국 소년은 남을 돕는 데서 좋은 기분을 느꼈고 외부의 확인 없이도 동기가 부여됐을 거예요.

부모는 자녀의 좋은 행동에 외적 동기를 제공할 수 있고 또 그래야만 합니다. 보상은 자녀에게 가르침을 주고 자아를 형성해주는, 놓쳐서는 안 되는 기회입니다. 원래 삶은 외적 보상으로 가득하죠. 따라서 부모는 그것을 자녀의 행동을 개선하는 데 이용할 수 있어야 합니다. 제대로 된 보상이 '선택적 무시'와 합쳐지면, 아이들은 생떼를 부리는 것보다 제대로 행동하는 것이 더 이익이라는 사실을 배웁니다.

긍정적 강화: 행동에 이익을 제공해 행동이 반복될 가능성을 높이는 것
외적 강화: 타인이 제공하는 보상이 주도하는 행동
내적 강화: 내적 보상이 동기를 제공하는 행동

보상

보상에는 사회적 보상, 음식 보상, 물질적 보상, 실험적 보상 등이 있습니다. 가장 기본적이고 스트레스 없는 보상은 사회적 보상입니다. 언어를 통한 격려, 윙크와 하이파이브, '엄지 척!' 같은 긍정적 인식을 나타내는 비언어적 신호로 이루어지죠. 사회적 보상은 쉽게 줄 수 있고 공짜

입니다. 하지만 사회적 인정으로 동기를 부여받지 못하는 아이들도 있죠. 또 어떤 아이들은 비언어적 신호를 알아차리기 어려워, 사회적 보상의 효과가 떨어집니다. 큰 아이들은 엄마와 아빠가 밖에서 칭찬하면 발끈하며 싫어할 수도 있고요. 남들이 보는 데서 아빠와 하이파이브를 한다고요? 하지만 사회적 보상은 부모를 기쁘게 해주고 싶어 하는 아이에게는 효과 만점입니다.

음식 보상은 음료수나 주스, 미니 마시멜로, 초콜릿, 껌, 디저트 같은 것입니다. 이 보상은 어린아이들에게 특히 큰 동기부여가 되죠. 많은 유아가 사소한 간식거리 덕분에 기저귀 떼는 훈련을 성공적으로 마칩니다. 하지만 설탕 섭취 증가와 체중 문제, 건강에 좋지 않은 음식을 섭취하는 위험한 습관 때문에 음식 보상을 선호하지 않는 부모도 있죠. 또 음식 보상은 이미 단 음식이 허용되는 아이들에게는 그다지 효과적이지 못합니다.

물질적 보상은 실제로 손에 잡히는 물건으로 보상해준다는 뜻이죠. 장난감, 잡지, 책, 스티커, 옷, 레고, 매치박스 자동차, 미술용품 등을 예로 들 수 있겠죠 . 어린아이들은 물건을 좋아합니다. 수집가 기질을 타고난 아이들도 많고요. 그저 새로운 물건이 생기는 게 좋은 아이들도 있어요. 좀 더 크면 또래가 가진 것을 가지려는 동기부여가 강해집니다. 유행은 10대들이 따라잡기 어려울 정도로 빠르게 바뀌죠. 따라서 보상이 탁월한 효과가 있습니다. 하지만 물질적 보상은 돈이 꽤 들어갑니다. 사탕처럼 생긴 껌은 하나에 25센트지만 비디오 게임은 훨씬 비싸죠.

마지막으로 경험적 보상이 있습니다. 물건이 아닌 경험으로 받는 이익이죠. 좋아하는 장소 방문(도서관, 서점, 공원 등), 부모와 단둘이 보내거나 특별한 프로젝트 함께 하기, 소풍, 친척 방문, 특별 요리("타코 먹는 날"을 싫어하는 아이는 없죠) 등이 대표적입니다. 저는 두 가지 목표를 달성할 수 있어 경험적 보상을 선호합니다. 우선 아이가 좋아하는 일을 할 수 있으니 올바른 행동에 동기가 부여되고 자녀와의 관계에 도움되어 부모에게도 이익이니까요. 경험적 보상의 단점은 따로 시간을 내야 하고 공짜가 아니라는 점이죠.

참고 지침

자녀에게 가장 좋은 보상이 무엇인지 알려주는 엄격한 규칙은 없지만, 도움될 만한 몇 가지 지침이 있습니다.

보상은 아이가 원하거나 아이에게 특별한 의미가 있어야만 효과가 있습니다. 아이가 진심으로 원하는 것이어야 진정한 동기가 부여되죠. 아이가 평소 스티커를 좋아한다고 해서 무조건 스티커를 얻으려고 애쓰지는 않죠. 아이가 레고를 잔뜩 가지고 있다면 새 레고가 그렇게 강력한 동기로 작용하지 않을 거예요. 당연하게 여기겠죠. 하지만 평소 레고를 좋아하는 아이는 장난감을 정리할 때마다 새 레고를 사준다고 하면 잔뜩 신날 거예요. 핵심은 아이에게 맞는 보상이어야 한다는 겁니다.

보상은 행동 이후에 곧바로 주어져야 해요. 아이가 잠들기 전에 8시간 전에 있었던 행동을 자랑스럽다고 말하면 소용없죠. 할머니 집에서 오전 11시에 있었던 일은 어린아이에게는 1시만 되어도 한참 전처럼 느껴집니다. 다시 말해서 바람직한 행동은 나중에 물질적 보상이 따르더라도 우선 곧바로 사회적 강화로 인정해주어야 합니다.

모든 행동에는 목적이 따른다는 사실을 기억하세요. '선택적 무시'로 무시한 아이의 문제 행동을 다시 떠올려보세요. 그 행동이 아이에게 어떤 목적을 수행했나요? 관심을 받기 위해서였나요? 협상의 이유가 잠자기 전에 동화책을 더 읽어달라는 것이었나요? 장난감이나 디저트 때문에 징징거렸나요? 가능하다면 그 목적을 정반대 행동을 유도하는 보상으로 활용합니다. 아이가 어떻게 해서든 잠자는 시간을 미루려고 하면, 일찍 자려고 할 때 보상해줍니다. 8시까지 잠옷으로 갈아입고 양치질을 끝내면 동화책을 한 권 더 읽어주는 거죠. 아이가 원하는 똑같은 보상이지만 좀 더 바람직한 행동을 할 때 제공하는 겁니다. 아이가 원하는 게 관심이라면, 타당한 행동을 했을 때 더 많이 주면 됩니다.

보상의 네 가지 유형

사회적 보상	음식 보상	물질적 보상	경험적 보상
포옹	탄산음료	스티커	소풍
키스	케이크	우표	껴안고 있기
언어적 인정	아이스크림	스티커 문신	거품 목욕
엄지 척	셰이크	매치박스 자동차	요리 또는 베이킹
고개 끄덕임	슬러시	레고	늦게 자기
칭찬	과일 쥬스	보물상자	컴퓨터 시간
미소	마시멜로	잡지	비디오 게임 시간
하이파이브	초컬릿	책	도서관이나 서점 방문
등 두드려주기	사탕	영화 구매	잘 때 동화책 더 읽어주기
윙크	가장 좋아하는 음식	노래 구매	특별 여행
	외식	앱	파티
	피자	스포츠용품	
		미술용품	
		옷	

아이의 행동을 개선하려고 보상을 너무 자주 활용하는 부모도 있죠. 이건 매우 끔찍한 방법입니다. "아이스크림 먹을 사람?"을 너무 자주 외친 나머지 아이가 무감각해질 수 있어요. 아이에게 동기를 부여하는 작은 보상을 생각해보세요. 큰 보상이 필요하다면 작은 보상을 점점 크게 만드는 게 낫습니다(179쪽의 토큰 경제 참고).

아이가 보상 시스템에 관심을 두게 하려면 쉬운 기회를 많이 제공하세요. 아이는 너무 어려운 행동이라고 생각되면 포기할 거예요. 바람직한 행동 몇 가지로 시작하세요. (아이들은 한 번에 10가지 행동을 고칠 수 없습니다. 2~3가지가 적당해요.) 이미 아이가 하고 있지만 횟수는 적은 행동, 아이가 할 수 있지만 하고 있지 않은 행동, 성장 발달로 가능하지만 도전이 필요한 행동을 하나씩 고릅니다. 그렇지 않은 행동은 부모가 모두 무시할 터이니, 아이가 반드시 성공할 수밖에 없는 행동이라면 더 좋아요. "부탁합니다"나 "고맙습니다" 같은 표현 없이 너무 많은 요구를 하는 무례한 아이가 있다고 가정해보죠. "부탁합니다"나 "고맙습니다"라고 하지 않으면 모든 요구를 무시해보세요. 아이가 저런 표현을 사용할 때만 반응하고 보상하는 겁니다.

이렇게 하면 아이가 보상 받는 행동을 할 수밖에 없어요. 그 행동 이외의 모든 요구가 무시되기 때문이죠. 부모와 자녀에게 모두 윈-윈입니다. 특정 행동에 개선이 나타나면 보상의 난도를 높여야 해요. 예를 들어 처음에는 알아서 잠자리를 정돈할 때마다 보상을 제공합니다. 하지만 계속 그렇게 작은 일로 보상해줄 수는 없죠. 보상받기가 조금 어렵게 만들어야 합니다. 5일 연속으로 스스로 잠자리를 정돈하면 보상합니다. 아이가 도전과제에 성공하면 지난번보다 더 큰 보상을 제공합니다. 이제는 보상이 동기를 부여하지 않는다는 게 확실해지면, 마지막 과제를 냅니다. "2주 동안 알아서 잠자리를 정돈하면 친구 다섯 명을 불러 파자마 파티를 해주겠다" 같은 게 될 수 있겠죠. 마지막 상이네요. 아이의 행동이 개선되면 호들갑을 떨면서까지 칭찬해주고 그 행동을 보상 목록에서 제외합니다. 물론 칭찬하는 말 또는 사회적 보상은 계속해주어야 하고요.

부모가 원하는 목표 행동에 아이가 준비되어 있지 않을 수도 있어요. 예를 들어 차에 타자마자 싸우는 형제자매는 싸우지 않고 오래 버티지 못합니다. 따라서 20분 동안 사이좋게 앉아 있는 걸 보상의 기준으로 정하면 아이들이 실패할 수밖에 없죠. 성취하기가 쉽도록 여러 작은 목표로 나누세요. 5분 동안 가만히 있지 못한다면 4분으로 시작하는 거죠. 마찬가지로 아이에게 저녁 식사 준비를 시킬 때 5코스 요리부터 시작하면 안 됩니다. 너무 벅차요. 샐러드나 사이드 메뉴를 준비하는 작은 목표에서 시작하세요. 아이가 하나씩 달성하면 난도를 올려가고요.

긍정적 강화와 보상에 중요한 법칙이 하나 있습니다. 한번 주어진 보상을 다시 빼앗으면 안 됩니다. 처음에 부모와 아이는 모두 들뜬 마음으로 보상 제도를 시작하죠. 하지만 아이의 바람직하지 않은 행동이 나타나면 부모는 화가 납니다. 달리 방법도 없고, 좌절감에 아이가 정당히 얻은 보상을 빼앗죠. 그것만큼 행동 개선 노력을 망치는 일도 없어요! 그동안 아이가 쌓은 점수를 빼앗는 순간 아이는 보상 제도를 포기하게 됩니다. 실수할 때마다 보상을 뺏기는데 잘하려고 애쓸 필요가 있을까요? 보상의 긍정적인 측면이 사라져 가치가 없다고 느끼겠죠. 직장에서 실수했다고 해서 이미 내가 번 돈을 상사가 빼앗아갈 수는 없잖아요. 보상도 마찬가지에요. 따라서 이 법칙을 꼭 기억하세요. 아이가 스스로 얻은 보상을 뺏지 마세요. 절대로!

토큰 경제와 보상 차트

나중에 다른 것과 교환할 수 있는 가상 또는 실제 토큰을 주는 행동 수정 프로그램을 토큰 경제라고 합니다. 제 아들은 학교에서 점심으로 피자를 먹거나 선생님과 함께 상점에 갈 수 있는 가짜 지폐를 받습니다. 바람직한 행동을 했을 때 주어지는 보상이죠. 집에서는 더 큰 상품과 바꿀 수 있는 점수와 스티커, 별, 레고, 동전, 구슬, 티켓을 줄 수 있고요.

부모는 여러 선택권의 상품을 제공합니다. 즉각적인 보상을 원할수록 상품의 가치가 낮죠. 더 가치 있는 상품을 받으려면 토큰을 더 많이 모아야 합니다. 예를 들어 토큰 5개를 모으면 잠잘 때 동화책을 한 권 더 읽을 수 있고 비디오 게임을 10분 더할 수 있죠. 하지만 토큰이 50개 있으면 일본식 철판 요릿집에서 특별 외식을 할 수 있어요. 토큰 경제는 실제 경제와 똑같습니다. 우리는 돈을 벌기 위해 일하죠. 하지만 돈은 음식이나 집, 자동차 등과 바꿔야만 가치가 있습니다. 돈을 버는 것은 주요 보상이지만 돈의 소비는 부차적인 이익이죠.

토큰 경제는 아이와 부모에게 다수의 중요한 이득을 제공합니다. 첫째, 토큰은 언제 어디에서나 즉각 보상할 수 있어요. 행동과 강화의 연결고리가 단단해지려면 행동 직후에 이루어져야 한다는 점에서 중요한 일이죠. 또 토큰은 아이가 특별한 보상을 위해 노력하게 만들면서 강화도 제공합니다. 토큰은 그 자체로 보상이에요. 자체로는 누릴 수 없지만 대체 역할을 하죠. 토큰은 좀 더 큰아이들에게도 강력한 동기를 부여해 힘들어서 하기 싫은 일을 하게 만듭니다.

쉽게 흥미를 잃는 아이들에게는 보상의 다양성이 꼭 필요합니다. 밤에 혼자 침대에서 잘 자면 아침에 시리얼을 준다고 해보죠. 얼마 후 아이는 그 시리얼이 지겨워할 거예요. 그러면 보상을 포기하고 부모의 방으로 가는 편을 선택하겠죠. 하지만 토큰은 아이의 관심사를 기준으로 보상을 자주 바꿀 수 있도록 해줍니다.

토큰 경제를 활용하려면? 우선 가치가 점점 커지는(화폐나 시간) 보상 목록을 만듭니다. 그다음에 각 보상에 가치를 부여합니다. 보상과 교환하려면 토큰(티켓, 스티커 등)을 몇 개나 모아야 할까요? 어느 정도 큰 아이라면 아이에게 확정된 권리가 생기도록 보상 목록을 함께 만드는 게 좋습니다. 아직 글을 모르는 어린아이라면 원하는 물건의 그림을 찾아 직접 붙이게 해도 좋죠.

보상 내용과 어떤 긍정적 행동을 강화할지 결정했다면 차트를 만들 준비가 된 거예요. 온라인에 이미 만들어진 차트가 많지만 개인의 필요에 따라 바꾸기가 쉽지 않죠. 마이크로소프트 워드나 엑셀, 또는 종이를 이용하는 전통적인 방법으로 간편하게 만들 수 있어요. 제 아이들이 지금보다 훨씬 어렸을 때 사용한 예시를 소개합니다.

우선 아들 에밋의 보상 차트입니다(180쪽). 아직 글을 읽지 못하는 다섯 살 때 사용한 거예요. 아직 어려서 세 가지 행동의 개선에 집중했습니다. 방 청소, 장난감 정리, 혼자 책 읽기였죠. 문제 행동의 정반대되는 행동들이라 선택했고요. 계속 잔소리하는 대신 장난감을 제자리에 두면 보상을 해주는 데 집중했습니다. 아이는 별을 모으면 무엇이 가능한지 차트 그림을 보고 알 수 있었죠. (드러그 스토어에서 별 모양 스티커를 잔뜩 사 왔습니다.) 에밋은 별을 받자마자 달려가 차트에 붙일 정도로 보상에 열중했죠.

당시 딸 케이시는 아홉 살이었어요. 글을 읽고 쓸 줄 아니까 차트가 약간 달랐죠(181쪽). 한 번에 여러 가지 행동을 다룰 수도 있었고요. 케이시의 차트에 나오는 행동 또한 문제 행동과 직접적인 연관이 있었습니다. 케이시의 보상 제도에는 단것과 책, 요리를 좋아한다는 사실이 반영됐죠.

글을 모르는 아이용 차트 예시(에밋)

	월요일	화요일	수요일	목요일	금요일	토요일	일요일
방 청소							
장난감 정리							
혼자 책 읽기							
합계							

글을 쓸 줄 아는 아이용 보상 차트 예시(케이시)

	월요일	화요일	수요일	목요일	금요일	토요일	일요일
책 정리하기							
불평하지 않고 샤워하기							
부탁합니다, 고맙습니다 라고 말하기							
새로운 음식 먹어보기							
피아노 연습							
합계							

5점을 모으면 잠자기 전에 5분 더 놀 수 있다.

10점을 모으면 (시리얼, 마시멜로, 초콜릿 칩 등) 단 간식거리를 먹을 수 있다.

20점을 모으면 아이스크림을 사 먹으러 갈 수 있다.

35점을 모으면 주방에서 요리할 수 있다.

50점을 모으면 서점에서 장난감이나 책을 살 수 있다.

칭찬하는 방법

➜ 구체적인 행동을 칭찬한다.
➜ 신나고 들뜬 목소리로 칭찬한다.
➜ 진심으로 칭찬한다.
➜ 곧바로 칭찬한다.

● 차트에 포함되는 행동은 관찰과 수량화가 가능해야 한다.

● 보상이 즉각적이고 일관성 있게 제공되어야 한다.

● 처음에는 세 가지 행동에 보상해준다: 쉬운 행동 하나, 횟수
가 적은 행동, 노력이 필요한 행동.

● 힘든 일을 작고 쉬운 행동으로 나눈다.

● 나이에 적절하고 아이에게 의미 있는 보상이어야 한다.

● 모든 행동과 모든 문제를 개선하려 하지 않는다. 가장 심한
문제부터 시작한다.

● 아이가 얻은 보상은 무슨 일이 있어도 뺏으면 안 된다.

● 아이가 어릴수록 보상이 더욱 즉각적이어야 한다.

● 처음에는 특히 단순해야 한다.

● 시간이 걸리는 특별한 보상은 진전의 기준을 정해놓는다.

● 아이가 내적 동기를 보이는 일에는 외적 보상을 사용하지 않
는다.

● 행동의 일관성이 나타나면 보상을 단계적으로 철수한다.

● 보상을 주는 적당한 속도를 정한다. 첫 성공에 너무 큰 보상
을 주지 말고 점점 확대한다.

CHAPTER
10

결과의 딜레마

Consequences

2장에서 살펴본 A-B-C(선행-행동-결과)처럼 결과가 이익을 제공하는 행동이라면 앞으로도 반복될 가능성이 큽니다. '선택적 무시'는 행동이 주는 이익을 없애 행동을 줄어들게 만들죠. 하지만 행동하지 않는 무행동으로도 행동을 억제할 수 있어요. '선택적 무시'는 부모가 끼어들어 자연스러운 결과를 방해하지 않으므로 행동이 개선됩니다.

결과는 행동을 단념시키기도 하죠. 만약 결과가 두려우면 허락되지 않은 행동을 하지 않기로 선택하겠죠. 법을 어기면 교도소에 간다, 이건 (마약 판매, 흉기 사용, 무단 침입, 도둑질 등의) 행동이 잘못됐고 불쾌한 결과를 낳으리라는 사실을 가르쳐주기 위해서죠. 부정행위를 하다 걸리면 당연히 시험에 낙제할 겁니다. 직장에 지각하면 급여가 깎일 수 있죠. 분명한 결과는 분명한 메시지를 보냅니다. 가치가 없으니 하지 말라고.

제가 올림픽에 출전하는 선수라면 두려워서 조금이라도 문제가 될 수 있는 약물을 사용하지 않을 거예요 부정행위가 발각되면 4년에 한 번밖에 없는 올림픽에 나가려고 평생 해온 훈련이 물거품이 되니까요. 국제올림픽위원회(IOC)의 엄격한 약물 테스트 방침은 스포츠 분야의 표준으로 자리 잡았습니다. 모든 대회에서 최고 기록을 낸 선수 5명은 자동으로 검사를 받아야 합니다. 다른 선수들에게는 임의적인 검사가 시행되고요. 선수들은 대회 전이나 후에 검사받으며 반복적으로 검사받을 수도 있어요. 더 나은 검사 방법이 발달할 경우를 대비해 혈액과 소변 샘플을 8년 동안 보관합니다. 6개월 전에 사용한 것까지 감정이 가능할 정도로 기술이 발달했죠.

양성 반응이 나오면 그 결과는 엄청납니다. 운이 좋으면 메달이 취소되는 것으로 끝나지만 잘못하면 평생 선수 자격을 박탈하는 굴욕을 겪을 수도 있죠. IOC는 행동에 따르는 처벌을 명확히 규정해놓았습니다. 부적절한 행동(약물 사용)을 대부분 예방할 수 있도록 부정행위를 저지르기 전에 그에 따르는 결과를 분명히 알게 하죠. 만약 그런 방침이 없다면 너도나도 부정행위를 저지를 것이고, 올림픽 메달의 의미도 퇴색되겠죠.

IOC와 달리 부모들은 행동에 따른 기대를 분명하게 설정하는 일을 자주 잊어버립니다. 법칙을 어긴 후에도 그에 따르는 논리적 결과를 적용하지 않죠. 결과는 제대로만 실행하면 행동을 막아줍니다. '선택적 무시'는 바람직하지 못한 행동이 강화되지 않도록 하지만, 자녀가 무시할 수 없는 문제 행동을 보일 때를 대비해 '결과'라는 도구가 필요합니다.

무시하면 안 되는 행동은 앞서 3장에서 설명했었죠. 다음은 결과의 적용과 관련해 가장 흥미로운 부분입니다. 돈이나 음식, 신용카드를 몰래 가져가는 교활한 행동을 무시하면 안 됩니다. 정해진 시간 이후에 휴대전화기를 사용하거나 정해진 시간보다 늦는 것처럼 고의로 법칙을 어기는 행동도 무시하면 안 되고요. 무면허 운전이나 필요한 교육을 받지 않고 기계를 조작하는 것처럼 위험한 행동도 마찬가지예요. 마지막으로 (음주, 흡연, 공공기물 파손 등) 불법 행동도 반드시 개입이 이루어져야 합니다. 모두가 행동에 따른 결과로 반응해야 하는 행동이죠.

3장에서 소개하지 않았지만 무시하면 안 되는 행동 범주가 하나 더 있어요. 엄마가 식기세척기에 든 그릇을 꺼내라고 하지만 아들은 듣지 않죠. 아빠가 TV를 끄라고 하지만 딸도 듣는 척도 하지 않네요. 지각하지 않으려면 지금 나가야 하는데, 지미는 엄마가 두 번 말하기 전까지 신발을 신지 않습니다. 부모는 이렇게 자녀가 부모의 요청을 무시하는 행동을 무시하면 안 됩니다. 부모의 법칙이나 요청을 거스르는 행동에 따른 결과를 실행해야만 하죠. '선택적 무시'는 바람직하지 못한 행동이나 관심을 끌기 위한 행동을 무시하는 겁니다. 고의로 법칙을 어기는 행동은 무시해야 하는 행동의 범주에 들어가지 않습니다.

'선택적 무시' 훈육법이 자녀가 부모를 무시해도 된다고 가르칠까 봐 걱정된다는 부모들도 계세요. 부모가 자녀의 협상 행동을 무시하는데 자녀는 부모의 성가신 요청을 무시하면 안 될까요? 부모와 자녀는 동등하지 않죠. 가정은 민주주의가 아니니까요. 부모는 자녀와 다른 특권을 갖죠. 부모는 원하는 대로 먹고 마실 수 있습니다. 자녀는 그렇지 않죠. 부모는 밤에 늦게 자도 됩니다. 자녀는 그렇지 않죠. 관심을 끌기 위한 거슬리는 행동만 무시하는 겁니다. 자녀도 부모의 그런 행동을 무시해도 괜찮을지 몰라요. 오히려 둘의 관계가 나아질 수도 있죠. 부모가 사생활 존중 같은 10대 자녀가 정한 법칙을 존중해야 하는 것처럼, 자녀는 부모가 정한 법칙과 기대를 존중해야 합니다.

결과를 적용하는 어려움

부모들이 결과에 관해 저지르는 세 가지 큰 실수가 있습니다. 모두 결과의 효율성을 없애버리죠.

- 결과를 적용하지 않는 것
- 너무 자주 적용하는 것
- 너무 낮거나 높게 정하는 것

과거에 자녀 양육의 주요 관심사는 사랑과 구조를 제공하고 자녀의 기본 욕구를 충족해주는 것이었죠. 그것이 거의 전부였습니다. 제가 어릴 때 밴드 연습 시간에 플루트를 깜빡하고 챙겨가지 않으면 아무도 가져다주는 사람이 없었어요. 부모님은 제 시험 성적이 나쁘다고 선생님을 찾아가 상담하지 않았죠. 그런 생각조차 하지 못했을 때랍니다. 그때는 시대가 달랐어요. 아이들은 대부분 혼자 힘으로 알아서 했죠.

하지만 이제는 자녀 양육 스타일이 바뀌었습니다. 요즘 엄마, 아빠는 자녀가 그 어떤 불편도 겪게 하지 않으려 애쓰죠. 행동의 결과를 불편함으로 잘못 인식합니다. 자녀를 보호하려는 것은 부모의 본능이지만, 자녀가 실수를 아예 경험하지 않도록 지나치게 개입하는 때도 있죠. 이것은 엄청난 실수랍니다. 아이는 경험을 통해 배우죠. 문제가 있을 때마다 부모가 나선다면 자녀가 세상을 헤쳐나가기 더 어렵게 만드는 거예요.

문제 행동에 따르는 결과를 적용하지 않으면 그 행동을 장려하는 것이나 마찬가지입니다. 10대 청소년이 밤마다 몰래 창문으로 빠져나가도 벌을 받지 않는다면 부모가 그 행동을 수용해준다고 생각할 거예요. 안 된다는 말에도 쿠키를 하나 더 먹을 수 있다면 어떻게 될까요? 아이는 이렇게 생각하겠죠. "법칙 따위 다 소용없어. 내 세상이니까 내가 먹고 싶은 초콜릿 칩 쿠키를 먹을 거야. 누가 날 말리겠어?"

그런가 하면 무모할 정도로 심하게 결과를 적용하는 부모도 있죠. 평소 권위적인 성격인 부모가 자녀에게 엄격한 수준으로 법칙을 지키기를 요구합니다. 또는 자녀의 문제 행동이 너무 심하기 때문일 수도 있죠. (발달 장애 때문이거나 바람직하지 않은 행동에 너무 많은 보상을 주기 때문일 수도 있습니다.) 부모가 특권을 계속 빼앗으면 아이는 잃을 것이 없다고 생각할 거예요. 아예 관심조차 없는 아이를 훈육할 방법은 없어요.

10대 자녀에게 휴대전화기와 컴퓨터, 비디오 게임기를 한꺼번에 다 빼앗으면, 아이는 행동을 개선할 동기를 전부 잃어버릴 거예요. 너무 가혹하고, 심한 결과를 적용하는 데 따르는 위험이죠. 또 너무 자주 벌을 주면 자녀의 긍정적인 행동에 보상해주는 것을 잊어버리니, 이중으로 문제가 됩니다.

부모들이 저지르는 마지막 실수는 아무런 효과도 없는 결과를 적용하는 것입니다. 정서적 가치가 전혀 없는 것을 빼앗으면 아이는 결과의 영향력을 느끼지 못하죠. 루이즈는 스티커 책을 좋아하고 무척 아끼는 여자아이예요. 하지만 6개월 전부터는 스티커에 대한 애정이 식었어요. 춤추거나 노래하거나 향기가 나는 것도 아니고, 터지지도 않으니 지루해졌죠.

이제 루이즈는 포켓몬에 빠졌습니다. 어느 날 루이즈가 장난감을 치우지 않아 부모는 스티커 책을 압수했어요. 대단히 중요한 일인 것처럼 루이즈를 앉히고 잘못을 차근차근 설명하기까지 했죠. "~때문에 스티커 책을 가져가는 거야!"라고 아빠가 말했습니다만, 루이즈는 웃음을 참아야 했어요. 스티커 책을 열어보지 않은 지 오래되었으니까요. 따라서 이 결과는 행동을 억제하는 효과가 전혀 없답니다.

결과를 활용하는 목적은 행동을 즉각 멈추기 위해서죠. (더 중요할 수도 있는) 두 번째 목적은 아이가 결과를 기억하고 똑같은 실수를 저지르지 않게 하려는 것이고요. 부모가 행동에 따르는 처벌을 제대로 적용해야 효과가 최대화될 수 있습니다.

자연적 결과와 '선택적 무시' 훈육법

부모가 개입하지 않은 행동의 결과를 자연적 결과라고 합니다. 아이들은 유쾌하지 않은 순간을 통해 교훈을 배우죠. 사람은 누구나 그렇습니다. 맨손으로 뜨거운 냄비를 잡아본 일이 있나요? 아마 두 가지 일이 일어났겠죠. 1. 손을 데었다. 2. 그 후 뜨거운 것을 만질 때는 꼭 장갑을 끼게 됐다. 불쾌한 경험을 통해 중요한 교훈을 배운 겁니다. 물론 아이가 화상을 입도록 내버려두라는 말은 아니죠. 하지만 아이들은 행동의 결과로 불쾌한 일이 일어난다는 사실도 배워야 합니다.

넘어지지 않으면 자전거의 균형 잡는 방법을 배우지 못합니다. 신발 끈이 풀려 넘어져봐야 신발 끈을 매야 하는 중요성을 알게 되죠. 고통스럽고 불편하지만 필수적인 교훈이 다음에는 다르게 행동하도록 이끌어줍니다. 자연적인 결과만큼 아이의 행동 수정에 효과적인 방법은 없죠.

아이들이 흔히 경험하는 자연적 결과는 다음과 같다.
- 아이가 숙제를 깜빡해 0점을 받는다.
- 10대가 한겨울에 외투를 깜빡한다. 저녁이 되자 온몸이 꽁꽁 얼어붙을 것처럼 춥다.
- 중학생이 허락도 없이 머리를 파란색으로 염색한다. 미역 같은 색깔이 나와서 친구들에게 "오징어"라고 놀림 받고 밤새 운다.
- 아이가 미트 소스가 싫다며 먹지 않겠다고 한다. 지금까지 수없이 먹어놓고 말도 안 되는 행동이다. 엄마는 저녁을 거르라고 하고 아침까지 아무것도 먹지 못하게 한다. 아이는 배가 고파 밤새워 뒤척인다.

이처럼 자연적인 결과는 고통스럽고 불쾌하므로 당연히 나중 행동에 영향을 끼칩니다.

그런데 문제가 있어요. 부모가 너무 빨리 개입하면 아이가 행동의 불쾌함을 경험할 기회를 놓치게 됩니다. 엄마와 아빠가 아이를 구해주려고 끼어들고, 부모는 아이가 실수를 피해갈 수 있게 해줬다는 사실을 자랑스러워하기도 하죠. 솔직히 저도 그 마음을 이해합니다. 누구나 좋은 부모가 되고 싶은 건 당연하죠. 하지만 부모는 자신도 모르게 아이가 머릿속 전구에 불이 들어오듯 깨달음을 얻을 기회를 없앱니다. 아이가 넘어지고 까지고 긁히고 실패하고, 좋지 못한 결과를 마주하도록 내버려두어야 합니다. 즐겁지 않더라도 꼭 필요한 일이에요.

최악은, 바람직하지 못한 자녀의 행동을 부모가 오히려 긍정적으로 강화한다는 사실입니다. 강화되는 행동은 아시다시피 반복되죠.

아칸소주 리틀 록에 있는 가톨릭 남자 고등학교에 걸린 부모들을 위한 안내 팻말에는 다음과 같은 말이 적혀 있습니다.

아이가 깜빡한 도시락과 교과서, 숙제, 준비물 등을 가져다주러 가는 길이라면 지금 당장 뒤돌아 집으로 돌아가세요. 아드님은 부모가 없는 곳에서 문제를 해결하는 법을 배울 것입니다.

아이들이 실수를 직접 느끼고 "힘들게" 교훈을 배우도록 하기 위해서죠. 다시 말해서 자연적 결과는, 아이들이 자신이 할 일과 챙겨야 할 소지품에 더 책임감을 느끼도록 이끌어줍니다.

다음은 아까와 같은 상황이지만 자연적 결과가 빠졌습니다.

- 숙제를 깜빡한 아이가 엄마에게 전화로 7교시 전까지 가져와달라고 한다. 엄마가 서둘러 갖다 준 덕분에 아이는 숙제를 제때 제출한다.

- 10대가 한겨울에 외투를 깜빡하고 나간다. 기온이 영하 8도까지 떨어지자 베이비시터에게 전화로 외투를 친구 집으로 가져와달라고 한다. 아이는 추위로 고생하지 않아도 된다.

- 중학생이 허락도 없이 머리를 파란색으로 염색한다. 미역 같은 색깔이 나오자 아이는 울면서 부모에게 달려간다. 부모는 경악하며 미용실로 데려가 원래대로 돌려준다. 60달러도 냈다. 아이가 학교에 가야 하는 월요일까지 모든 문제가 해결된다.

- 아이가 미트 소스 파스타가 싫다고 저녁을 먹지 않겠다고 한다. (지금까지 수없이 먹어놓고) 나중에 아이가 불평하자 부모는 간식거리를 허락한다. 아이는 사과와 치즈를 먹고 배부른 상태로 잠든다. 먹기 싫은 파스타를 먹을 필요도 없었다.

부모가 깜빡한 숙제를 바로 갖다 주면 아이는 실수의 무게를 느끼지 못할 뿐이죠. 앞으로 숙제를 제대로 챙겨야 할까요? 아니, 그럴 필요가 있을까요? 엄마가 가져다줄 텐데. 저녁을 거른 아이는 그 결과로 무엇을 배웠을까요? 선택에 따라 저녁을 먹지 않아도 된다는 사실을 공식적으로 배웠죠. 먹기 싫은 음식이 나오면 굶어도 되고 나중에 룸서비스까지 제공된다고 말이죠.

당연히 부모가 자녀에게 전달하고 싶은 메시지가 아닐 겁니다. 부모는 자녀가 책임감을 느끼고 식사를 제대로 하고 지시에 따르기를 바라죠. 하지만 이런 식으로는 효과가 없어요. 아이가 스스로 교훈을 깨우쳐야 합니다. 현실에 따르는 결과로부터 아이를 막아준다고 아무런 도움이 되지 않죠. 어차피 언젠가는 혼자 세상을 헤쳐나가야 하니까요. 중요한 업무 회의에 필요한 서류를 모두 준비해 제시간에 참석해야 하죠. 나중에 자녀의 비서가 되어 24시간 뒤치다꺼리를 해주지 않으려면 지금 바로 잡아야 합니다.

아이들은 어른이 뭐든지 다 알 것이라고 생각하지 않아요. 오히려 자신이 어른보다 더 잘 안다고 생각하죠. 부모는 아무것도 모른다고 생각한답니다. 얼마 전에 머리를 빗지 않으면 어떻게 되는지 제가 설명하려고 하자, 열두 살짜리 딸아이가 저를 비웃었어요. 하지만 일주일 후 미용실에서 머리가 뭉쳐 잘라내야 한다는 말을 듣고야 아이는 깨달았죠. 제가 그렇게 말했는데도 아무것도 모르는 어른이라는 생각 탓에 제 말에 귀 기울이지 않은 거예요. 하지만 머리카락을 잔뜩 잘라낸 후로는 열심히 빗질을 하더군요. 자연적 결과의 가장 좋은 점은 머리를 빗으라고 더 잔소리할 필요가 없다는 것이죠. 아이 스스로 필요성을 깨달았기 때문입니다.

자연적 결과: 행동에 따르는 계획되지 않은 결과

아이는 실수에 대처하게 내버려두면 중요한 교훈을 배웁니다. 하지만 부모로서 아이가 "망했다"라고 생각하는 순간을 겪게 하기는 쉽지 않죠. 도와주고 싶은 충동을 거부해야 해요. 부모는 '선택적 무시' 훈육법을 통해 "안 돼. 네가 스쿨 버스 놓쳤으니까 태워다주지 않을 거야. 학교까지 걸어가"라는 말에 이어지는 아이의 애원과 징징거림, 협상 시도와, 저녁을 걸렀는데 먹을 것을 주지 않는다며 세상에서 가장 나쁜 부모라고 외치는 말에도 흔들리지 않는 법을 배웁니다. 마음 단단히 먹고 무시하세요. '선택적 무시'로 일거양득을 거둘 수 있어요. 우선 행동(머리를 빗지 않는 것)을 강화하지 않으므로 자연적 결과(머리카락을 잘라야 하는 것)로 이어집니다. 반응 행동(징징대기, 반박하기 등)도 강화하지 않고요.

상황	부모가 하지 말아야 할 일	자연적 결과
아이가 농구 연습에서 말썽을 피운다	코치에게 말해 개입한다	코치가 아이를 선발 선수에서 제외한다
아이가 장난감을 정리하지 않는다	대신 정리해준다	동생이 장난감을 망가뜨리거나 애완견이 물어뜯는다
아이가 휴대전화 충전을 잊어버린다	대신 충전해준다	다음 날 휴대전화 배터리가 없다
아이가 전자 게임기를 끄지 않는다	대신 꺼준다	건전지가 떨어져 아침에 장난감을 가지고 놀 수 없다
아이가 나쁜 점수를 받는다	학교에 전화해 추가 점수를 요구한다	우등상이나 상급반 수업이 날아간다

아이가 식사 메뉴를 거부한다	다른 음식을 만들어주거나 간식거리를 준다	배고픔
아이가 태권도 도복을 찾지 못한다	집안을 뒤진다	승급 심사를 치르지 못해 다음 주까지 기다려야 한다
아이가 물건을 함부로 다룬다	다리미질해주거나 고쳐준다	함부로 다룬 결과로 옷을 입지 못하거나 물건을 사용하지 못한다
아이가 체육복을 깜빡한다	가져다준다	체육 시간에 쓰레기를 줍는 벌을 받아 창피함을 느낀다
아이가 날씨가 어울리지 않거나 상황에 어울리지 않는 옷을 입고 싶어 한다	차 안에 여분의 옷을 놓아둔다	아이가 창피함, 추위나 더위, 불편함을 느낀다
아이가 옷을 바닥에 벗어놓고 빨래 바구니에 넣지 않는다	바닥에 널브러진 옷을 가져다 세탁한다	학교에서 사진 찍는 날 좋아하는 티셔츠가 세탁되어 있지 않다
아이가 장난감을 함부로 다루지 말라는 말에도 계속 함부로 다룬다	아이에게 계속 주의를 시키고 부서지면 새 장난감을 사준다	장난감이 부서져서 놀 수 없다
아이가 숙제를 제때 하지 않는다	아이를 잡아두고 숙제를 시킨다	숙제를 늦게 제출해 점수가 깎인다
아이가 레고 조각을 제대로 정리하지 않는다	대신 정리해준다	중요한 조각이 사라져서 가지고 놀지 못한다
아이가 방을 어지르고 치우지 않는다	대신 청소해준다. 잃어버린 물건도 찾아준다.	아끼는 물건이 망가지거나 사라진다
아이가 연습 후에 가방에서 수영복을 꺼내지 않는다	대신 꺼낸다	이틀 후 대회에 나가야 하는데 젖고 지저분한 수영복이 가방에 그대로 들어 있다
아이가 아침에 꾸물거려 스쿨버스를 놓친다	학교까지 태워다준다	무거운 가방을 메고 걸어가거나 자신의 용돈으로 택시를 타고 가야 한다

하지만 자연적 결과를 활용하면 안 되는 상황이 세 가지 있습니다.

1. 아이가 결과를 즉각 실감할 수 없는 상황이라면 행동과 결과의 연결고리가 끊어진다. 따라서 행동이 가져다주는 불편함에서 교훈을 배우지 못할 수도 있다.

2. 결과가 위험할 때는 자연적 결과를 활용하면 안 된다. 예를 들어 차에 치일 위험이 있는데 밖에서 놀게 하거나 불을 만지게 하면 안 된다. 아이의 안전에 항상 주의를 기울인다.

3. 누군가를 다치게 할 수 있는 상황이라면 부모가 꼭 개입해야 한다. 예를 들어 가위로 동생의 머리카락을 자르려 한다면 자연적 결과가 누구에게 돌아갈까? 머리카락을 자르는 아이가 아닌 여동생이다. 따라서 그런 행동을 하면 안 된다는 것을 다른 결과로 보여주어야 한다.

유용한 결과의 특징

아이가 바람직하지 못한 행동임을 배울 수 있도록 도와주는 행동에는 네 가지 특징이 있습니다.

- 논리적
- 연관적

- 합리적
- 의미가 있음

아이가 자연적 결과를 겪게 할 수 없는 상황이라면 논리적 결과를 겪게 해야 합니다. 논리적 결과는 행동에 대해 부모가 제시하는 반응이죠. 결과가 임의적이 아니므로 논리적이지만, 가르침을 줄 목적으로 선택된 것입니다. 논리적 결과는 자연적 결과 대신 아이에게 불편함을 주는 학습 도구가 될 수 있죠.

예를 들어 아이가 부모의 말을 어기고 아이패드를 사용하면 다음 날 아이패드 사용 시간을 줄입니다. 잘못된 행동의 처벌이 처벌의 원인과 직접 연결되죠. 아이가 도넛을 하나만 먹으라는 말을 어기고 다섯 개나 훔쳐 먹는다면 앞으로 며칠 동안 "단 음식" 금지령을 내릴 수 있어요. 자신만 단것을 먹지 못하므로 아이는 크게 후회하겠죠. 나중에 단것을 더 먹고 싶을 때마다 그 사실을 떠올릴 거고요. 논리적 결과를 적용할 때는 아이의 학습을 돕는 것이어야 합니다.

결과는 행동과 직접적인 연관이 있어야 해요. 부모는 구체적인 벌을 주는 경우가 많죠. 항상 똑같은 벌이죠. 비디오 게임기를 빼앗거나 휴대전화기와 컴퓨터 사용 시간을 제한하거나. 디저트를 금지하거나 방으로 가 있으라고 하는 일 등등. 모두가 그럭저럭 괜찮은 결과라고 할 수 있겠죠. 하지만 어떤 행동인지에 상관없이 정해진 결과만 적용하면 그저 벌이 될 뿐입니다.

벌은 결과와 작으면서도 크게 다릅니다. 결과는 배움의 기회지만 벌은 응징이죠. 결과가 행동과 직접 연관되지 않으면 그저 아이에게 벌을 주는 거예요. 벌은 특정 결과만큼 효과적이지 못하죠. 결과가 행동과 연관 있으면 아이는 무슨 일을 하지 말아야 하는지 배웁니다.

벌은 응징이지만 결과는 배움의 기회다.

결과가 효과적이려면 합리적이어야 합니다. "합리적"이라는 말은 너무 엄중해서도 너무 관대해서도 안 된다는 뜻이죠. 행동의 강도가 반영되어야 해요. 엄마가 아끼는 립스틱을 잃어버렸다고 1년 동안 화장을 금지하는 것보다, 일주일 동안 엄마의 화장품을 못 쓰게 하는 게 더 합리적입니다.

하지만 10대 청소년이 부모가 새로 산 자동차를 몰래 운전했다면, 하루 동안 운전을 금지하는 건 충분한 결과가 아닙니다. 결과에 의미가 있으려면 아이가 불편함을 느껴야 하죠. 행동의 강도와 결과를 일치시켜야 합니다.

효과적인 결과의 가장 중요한 특징은 아이에게 의미가 있어야 한다는 겁니다. 월요일에 10대 자녀가 금요일 저녁에 친구를 데려와 재워도 되느지 물어봅니다. 엄마는 돼지우리나 다름없는 아이의 방을 치우면 허락해주겠다고 하죠. 하지만 금요일이 다가오는데도 아이는 청소할 생각을 하지 않고 피곤해할 뿐입니다. 결국 친구를 데려오지 않기로 하고 청소도 하지 않죠. 금요일에 엄마가 퇴근해보니 방은 여전히 지저분합니다. "방을 청소하지 않았으니까 오늘 친구 데려오지 마." 아이는 짜증 난 듯 소리 지르지만 사실은 별로 개의치 않아요. 친구와 함께 비디오 게임을 하기로 이미 약속해두었기 때문이죠. 엄마가 시행한 결과는 비효과적이고 무의미해져버렸죠.

디저트를 먹지 못하게 되는 결과도 비슷합니다. 제 딸처럼 디저트를 좋아하는 아이에게는 매우 큰 의미가 있겠죠. 하지만 저희 언니가 아들에게 같은 결과를 시행한다면? 아들은 어깨를 으쓱하며 "알았어요"하고 말겠죠. 그 아이는 단것을 별로 좋아하지 않으니까요. 따라서 언니는 아들에게 좀 더 의미 있는 결과를 찾아야 합니다.

더 좋은 보기가 있네요. 열여섯 살인 마이클은 온라인 가상현실 게임의 캐릭터에 집착합니다. 게임 속 친구들과 몇 시간이고 게임을 하죠. 어느 날 마이클은 게임을 하느라 쓰레기를 제시간에 내다 버리지 않았어요. 엄마와 아빠는 다음 쓰레기를 버리는 날까지 게임을 금지했죠. 마이클에게 의미 있고 연관성도 큰 완벽한 선택이었습니다. 결과에 의미가 있어야 특권이나 물건의 부재를 실감할 수 있으니까요.

결과의 네 가지 유형

특권 상실	물건 상실	벌	과제
디저트	휴대전화기	타임아웃	집안일
특정 장난감 가지고 놀기	컴퓨터	벌금	동생 보기
비디오 게임	좋아하는 장난감	용돈 취소	운전
컴퓨터 이용 시간	책	외출 취소	심부름
앱 삭제		스포츠 경기 시청 금지	청소
잠자기 전 책 읽기			식사 준비
놀이시간			식기세척기 비우기
친구들과 놀이 금지			

분명한 기대

제가 올림픽 출전 선수라면 자격을 박탈당할까 봐 무서워서 금지된 약물을 사용하지 않을 것이라고 했던 말을 기억하시나요? 그 이유는 국제올림픽위원회가 선수들을 위해 분명한 기대를 설정해놓았기 때문이죠. 부모도 자녀를 위해 그래야만 합니다. 하지만 부모는 행동에 대한 기대를 전달하는 것을 잊어버릴 때가 많죠. 아이들은 행동 지침이 없으면 부모의 기대에 따르지 못합니다. 부모도 자녀도 좌절감을 느낄 수밖에 없어요. 현실적이고 분명한 기대가 있으면 아이는 자신의 삶에 무엇이 필요한지 통제권을 쥐고 있다고 느낍니다. 따라서 부모가 한 발 뒤로 물러나 잔소리를 그만둘 수 있죠.

부모가 기대를 전달하지 않으면 아이는 실패할 수밖에 없어요. 법칙을 알아야 따를 가능성도 커지니까요. 아이들은 식당이나 교회에서 얌전히 행동해야 한다는 사실을 본능적으로 알지 못할 수도 있고요. 공원과 병원 대기실에서 얼마나 큰 소리로 말해도 되는지 구분하기 어려울지도 모릅니다. 새로 공사한 주방에 사인펜으로 낙서하는 것이 나쁜 행동이라는 것을 모를 수도 있고요. 부모가 아이에게 법칙을 설명해주어야 합니다.

어떤 상황이건 아이가 기대를 분명히 알 수 있도록 합니다. 슈퍼마켓에 가기 전에 안에서 뛰어다니거나 포장을 뜯으면 안 된다고 말해주고요. 식당에 들어가기 전에 식사가 끝날 때까지 자리에 앉아있어야 한다고 설명해야 합니다. 오랜 대학 친구와 아이들을 데리고 만나기로 했다면, 별로 즐겁지 않아도 예의 바르게 행동해야 한다고 말해주세요.

분명한 기대를 전달하는 일에는 어기면 어떻게 되는지에 대한 설명도 포함됩니다. 부모는 다음처럼 분명히 전달해야 합니다.

1. 내가 기대하는 행동은 이러저러하다.
2. 그 기대를 어기면 이렇게 될 것이다. (필요한 경우 아이가 보는 앞에서 결과를 적는다.)

월리스 부부는 열네 살배기 아들 맬컴 때문에 고민이었죠. 맬컴은 허락도 구하지 않고 부모의 물건을 가져갔어요. 망가뜨리거나 잃어버려서 더 문제였죠. 아빠는 맬컴에게 말했습니다. "내 옷과 휴대전화, 전자기기를 꼭 말하고 빌려 가라. 이 법칙을 어기면 일주일 동안 아무것도 빌릴 수 없을 거다." 그다음에 아빠는 포스트잇에 그대로 적어 옷장에 붙여놓았죠. 무척 잘한 일이었어요. 기대와 법칙을 어기면 어떻게 되는지 분명하게 설명해주었으니까요. 연관성 있고 논리적이고 의미 있는 탁월한 결과였죠. 맬컴은 그 후로 하루도 빠짐없이 미리 말하고 물건을 빌렸습니다. 정해진 기대를 거스르면 맬컴에게 힘든 결과가 생긴다는 걸 아빠는 알고 있었죠.

예상되는 바를 알고도 아이가 잘못된 행동을 하면, 부모는 무시하거나 적당한 결과를 적용해야 합니다. 아이의 역량에 맞는 현실적인 기대여야 하고, 분명하게 전달되어야 합니다.

TIP BOX
꼭 기억하기

- 부모는 결과에 대해 세 가지 중요한 실수를 한다. 결과를 적용하지 않거나 너무 자주 적용하거나 너무 낮거나 높게 설정한다.
- 자연적 결과는 잔소리가 필요 없게 해준다.

- 부모가 "구해주려고" 나서면 아이는 행동에 따른 불쾌함을 느끼지 못한다.
- 논리적이고, 행동과 관련 있고, 합리적이고, 아이에게 의미 있는 결과가 효과적이다.

문제 행동 예방

Prevention

저는 며칠 전 슈퍼마켓에서 끔찍하지만 너무도 흔한 광경을 목격하고 손에 든 자두를 꽉 쥐고 말았습니다. 한 엄마가 두 쌍둥이 딸을 데리고 장을 보러 왔죠. 두세 살 남짓한 아이들은 골드피시 과자를 달라고 울고 있었고요.

엄마는 동네에서 유명한 운동 프로그램이 적힌 티셔츠를 입은 운동복 차림이었습니다. 엄마는 계산할 때까지 과자를 먹으면 안 된다는 사실을 차분하게 설명했죠. 하지만 아이들 귀에 들어올 리가 없었죠. 잠시 후 두 아이는 성악가 안드레아 보첼리(Andrea Bocelli)가 들어도 감탄할 만큼,

슈퍼마켓 전체가 떠나가라 목청껏 울어댔어요. 저는 엄마가 점점 지쳐가고 있음을 알 수 있었죠. 엄마는 한 명을 안고 한 명은 카트에 태운 상태였어요. 둘 다 소리 지르고 애원하고 으르렁거렸고요. 계산대에 도착했을 무렵 안고 있는 아이가 엄마의 배를 때리고 카트에 탄 아이는 소리를 질러댔습니다. 엄마는 직원에게 과자부터 스캔해달라고 하고 재빨리 봉투를 뜯었죠. 그리고 계산을 하고 서둘러 나갔습니다.

제가 지금부터 하려는 말은 가정일 뿐이지만 평생의 경험에서 나온 것입니다. 물론 지금 말한 상황을 피할 수 없을 때도 있죠. 하지만 잘못된 계획의 결과일 때가 더 많습니다. 그 사건이 일어난 시간은 정오였어요. 대부분 유아가 점심을 먹거나 낮잠을 자야 할 시간이었죠. 슈퍼마켓에 장을 보러 오는 시간으로 최악인 셈이죠. 또 엄마는 옷차림을 보아 슈퍼마켓에 오기 전에 아이들을 데리고 운동하러 다녀온 듯했고요.

물론 이해합니다. 비난하려는 게 아니에요. 비슷한 경험을 해보지 않은 부모는 없을 테니까요. 부모 역할은 힘듭니다. 부모에게도 스트레스를 해소할 방법이 필요하죠. 그게 운동인 경우가 많습니다. 기진맥진해서 쓰러질 것 같고 완벽한 타이밍이 아닌데도 그 운동 수업을 꼭 들어야만 살 것 같은 심정을 저도 잘 압니다. 하지만 현실적이어야 하는 것도 부모의 역할이지요. 이 엄마는 오전에 너무 많은 일을 해치우려는 것처럼 보입니다. 슈퍼마켓에 갈 때쯤 되어 아이들은 지치고 배가 고픈 상태였겠죠. 솔직히 엄마도 마찬가지였겠고요. 조금만 계획을 잘 세웠다면 세 모녀의 경험이 완전히 달라질 수 있었겠죠.

이 엄마에게는 몇 가지 선택권이 있었습니다. 우선 운동과 장보기 둘 중 하나만 선택할 수 있었겠죠. 저녁으로 스크램블드에그나 스파게티, 배달 피자를 먹어야 할 수도 있지만 그러면 좀 어때요? 가끔 대충 먹는다고 세상이 끝나지는 않으니까요. 또 운동 후 편의점에서 몇 가지 급한 물건만 사고 다음 날 아침에 제대로 장을 보는 방법도 있었죠. 마지막으로 땅콩버터 젤리 샌드위치나 자른 채소를 미리 준비했다가 슈퍼마켓에서 아이들에게 주어도 됐죠. 다 먹은 후에는 역시 미리 준비한 장난감을 가지고 놀게 할 수 있었을 거고요.

지친 부모에게 효과적인 계획법을 가르쳐주는 것은 힘든 싸움이 될 수 있습니다. 협상의 여지가 전혀 없어 보여요. 아이들을 발레 수업과 짐보리 수업에 데려다주어야 하지, 엄마와 아빠도 운동하러 가야지, 할머니가 평일 7시 30분에 같이 저녁을 먹자고 하지, 항상 "바쁘다 바빠" 모드죠. 할 일 목록의 일을 전부 해치우려 바쁘게 뛰어다니면 제대로 즐기면서 하는 일이 사라질 수밖에요.

'선택적 무시'는 원하지 않는 행동을 최소화해주는 강력한 도구입니다. 하지만 효과적인 준비를 통해 아이의 분노 발작이나 여러 바람직하지 못한 행동을 예방하는 방법이 있죠. 이 장에서는 계획을 세우는 기술에 대해 생각해보겠습니다.

타이밍

타이밍은 자녀 양육에서 아주 중요합니다. 예를 들어 저는 배가 고프면 신경이 날카로워지는 편입니다. 혈당 수치가 떨어져 음식을 섭취하기 전까지 말과 행동, 생각이 제대로 작동하지 않지요. 저희 아이들도 비슷하고요. 차이점이 있다면 저는 남편에게 "나가서 먹을 것 좀 사 와야겠어. 돌아버리기 전에"라고 말할 수 있다는 거예요. 솔직히 한 글자도 틀리지 않고 지금까지 이 말을 5,000번은 한 것 같네요. 문자 그대로 뭘 좀 먹어야겠다는 뜻이죠.

하지만 아이들에게는 그런 능력이 없습니다. 아이들은 경고하지 않죠. 미리 알려주지 않아요. "아빠, 미리 말해두는데요……"라고 하지 않고 그냥 바로 터뜨려버립니다. 저는 유아뿐만 아니라 10대에게서도 그런 모습을 자주 봤어요. 표현은 다를지언정 문제는 똑같아요. 원래 배고픔을 도저히 견딜 수 없는 사람도 있죠. 부모는 아이가 제때 먹을 수 있도록 미리 계획을 세워야 합니다. 그것만으로도 수많은 곤경의 순간을 피할 수 있죠.

시간이 지체될 것을 대비해 차 안이나 가방에 건강한 간식거리를 충분히 준비해두는 것도 추천합니다. 당연한 일 같지만 잊어버리기 쉽거든요. 급하게 나가느라 준비할 시간이 없을 때도 있고요. 준비해놓은 간식이 똑 떨어졌을 수도 있고요. 어떤 상황이건 조금만 더 신경 쓰면 편해집니다. 현관문이나 차고에 간식을 챙기라는 메모를 붙여놓는 것도 추천합니다. 어리든 크든 아이들에게는 간식이 필요하니까요.

간식거리에 대해 한마디만 덧붙이겠습니다. 아이들이 간식을 너무 많이 먹거나 잘못된 장소에서 먹기도 합니다. 연구에 따르면 간식은 지난 40년 동안 급격히 늘어났죠. 현재 간식은 아동의 1일 칼로리 섭취에서 27퍼센트나 차지합니다. 보통 하루에 식사와 간식이 각각 세 번씩 이루어지죠. 이렇게 쉬지 않고 먹으면 식사 행동에 문제가 생길 수 있습니다. 저는 간식을 연거푸 먹다 식사를 거부하는 아이들을 많이 봤어요. 부모는 아이가 밥을 제대로 먹지 않아 화가 납니다. 식탁에서의 기 싸움이 시작되지요.

간식이 식사 대용이 되고 있습니다. 간식을 줄이고 전략적인 시간에 제공하면 식탁에서의 시련이 줄어듭니다. 저항하다 점심 식사를 거부하면 아이는 얼마 안 있어 배고픔을 느낄 거예요. 부모는 그때 간식을 주는 실수를 저지르죠. 하지만 식사를 마음대로 걸러도 된다는 생각이 강화될 뿐입니다. 식사와 간식 계획으로 그런 문제를 피할 수 있죠.

부모는 삶에 유연성이 필요합니다. 정해진 일정이 있으면 대다수 아이가 잘해나가죠. 잠자는 시간이 항상 똑같아야 한다는 뜻입니다. 점심과 저녁 식사도 규칙적이어야 해요. 낮잠에도 중단이나 변화가 있으면 안 됩니다. 일정이 왜 그렇게 중요할까요? 아이들에게 욕구가 있기 때문이죠. 욕구가 제때 충족되지 않으면 곤란해집니다. 피곤한 상태의 아이는 절대 사랑스럽지 않아요. 만성 피로에 시달리는 아이는 참기 어려운 존재랍니다. 아이가 나이에 맞는 시간만큼 자는 것은 중요한 일이에요(212쪽의 아이가 얼마나 자야 할까? 차트 참고). 하지만 일상생활에 방해 요소가 너무 많죠. 금요일 저녁에 동네 모임이 있어 아이들이 평소보다 약간 늦게 잔다면, 그것만으로는 그리 큰일은 아닙니다.

하지만 토요일 저녁에 할머니의 기념일 파티가 있었죠. 또 아이들이 잠잘 시간을 한참 지나서 잠들었고요. 일요일 저녁에는 교회에서 영화를 상영합니다. 밤 9시 30분이 넘어야 집에 돌아올 수 있는데도 아이들은 가자고 난리를 치죠. 월요일 밤에는 첫째 아이의 학교 행사가 있어 또 잠자는 시간이 늦어졌고요. 그런 하루가 계속될 때마다 아이들의 행동은 조금씩 심해집니다. 대처 능력이 약해지고 발작과 싸움이 늘죠. 말도 험해지고요. 꾸물대다 마지막에 짜증 내며 서두릅니다. 수면 부족은 큰 대가를 치르게 하는데도 바람직하지 못한 행동을 일으키는 주범으로 인식되지 않죠. 물론 삶도 즐거워야 하니 저녁 모임에 가도 좋겠죠. 하지만 아이의 한계를 자극하는 상황이라면 안 됩니다. 충분히 자지 않으면 아이의 행동이 거칠어지고 부모도 고생이니까요. 10대의 경우 친구들과의 파자마 파티가 연속으로 이어지면 안 됩니다. 며칠 연속으로 바쁘게 움직인 10대보다 짜증을 잘 내는 사람은 세상에 없거든요.

아이가 얼마나 자야 할까?
생후에서 성인까지 필요한 수면 시간

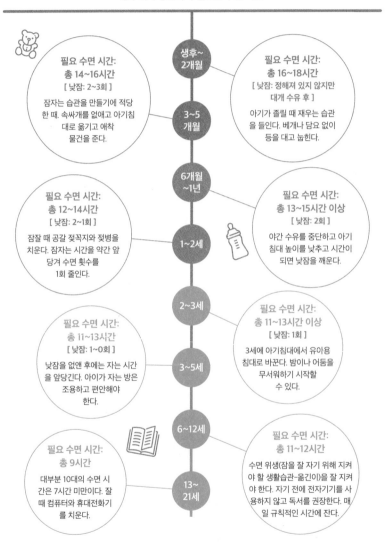

생후~2개월

필요 수면 시간:
총 14~16시간
[낮잠: 2~3회]

잠자는 습관을 만들기에 적당한 때. 속싸개를 없애고 아기침대로 옮기고 애착물건을 준다.

필요 수면 시간:
총 16~18시간
[낮잠: 정해져 있지 않지만 대개 수유 후]

아기가 졸릴 때 재우는 습관을 들인다. 베개나 담요 없이 등을 대고 눕힌다.

3~5개월

6개월~1년

필요 수면 시간:
총 12~14시간
[낮잠: 2~1회]

잠잘 때 공갈 젖꼭지와 젖병을 치운다. 잠자는 시간을 약간 앞당겨 수면 횟수를 1회 줄인다.

필요 수면 시간:
총 13~15시간 이상
[낮잠: 2회]

야간 수유를 중단하고 아기침대 높이를 낮추고 시간이 되면 낮잠을 깨운다.

1~2세

2~3세

필요 수면 시간:
총 11~13시간
[낮잠: 1~0회]

낮잠을 없앤 후에는 자는 시간을 앞당긴다. 아이가 자는 방은 조용하고 편안해야 한다.

필요 수면 시간:
총 11~13시간 이상
[낮잠: 1회]

3세에 아기침대에서 유아용 침대로 바꾼다. 밤이나 어둠을 무서워하기 시작할 수 있다.

3~5세

6~12세

필요 수면 시간:
총 9시간

대부분 10대의 수면 시간은 7시간 미만이다. 잘 때 컴퓨터와 휴대전화기를 치운다.

필요 수면 시간:
총 11~12시간

수면 위생(잠을 잘 자기 위해 지켜야 할 생활습관-옮긴이)을 잘 지켜야 한다. 자기 전에 전자기기를 사용하지 않고 독서를 권장한다. 매일 규칙적인 시간에 잔다.

13~21세

장난감 가방

일반적으로 식당에서 두 가지 극단적인 풍경을 봅니다. 제멋대로 구는 아이들과 아이패드에 코를 박고 있는 아이들. 물론 얌전한 아이들도 있지만 지금은 그 아이들에 관해 이야기하는 게 아니니까요. 말썽부리는 아이들의 부모는 나 몰라라 하는 경우가 많습니다. 주변 손님 70명과 직원들까지 전부 짜증이 나서 어린 토마스를 한 대 때려주고 싶은 심정이지요.

하지만 "3시간 동안 아이패드를 하게 하자"라는 방법은 어디에서나 현명하지 못합니다. 엄청나게 조용해지기는 하겠네요. 하지만 아이들이 〈앨빈과 슈퍼밴드: 악동 어드벤처〉를 보느라 바쁘면 다른 사람과의 상호작용이나 밖에서 제대로 식사하는 법, 음식을 음미하는 법을 배울 수 있을까요? 아이들은 포 시즌스 호텔에서 얌전하게 고급스러운 차를 즐기는 법을 하루아침에 깨우치지는 않죠. 파네라나 피자헛에서 간단한 식사를 하면서 점점 더 긴 식사시간을 견디는 (나아가 즐기고 받아들이는) 법을 배웁니다. 얼마 전에 올리브 가든에 친구와 점심을 먹으러 갔습니다. 경악스럽게도 테이블마다 게임이 꽉꽉 들어찬 아이패드가 놓여 있지 뭐예요! 고마워요, 올리브 가든! 아이들이 식당에서 얌전히 앉아 식사하는 법을 배워야 하는 시기에 친히 아이패드를 준비해주다니.

부모들에게 넘어야 할 장애물이 더 생겼네요. 당연히 아이들은 게임을 하게 해달라고 애원할 거예요. 지치고 배고픈 부모들은 그냥 져주기 쉽죠. 하지만 저녁을 먹는 자리에 아이패드가 있다면 아이들은 부모와 대화를 하지 않으니 문제가 됩니다. 레스토랑 직원과의 상호작용도 없고 식사 예절도 신경 쓰지 않겠죠. 기술이나 관계에 대해 배우는 자리가 되지 못하는 겁니다. 몇 년 만 지나면 부모는 자기 이야기를 하기는커녕 레스토랑에서 부모와 직원의 얼굴도 쳐다보지 않는, 항상 뚱한 얼굴의 10대 청소년 자녀를 마주하게 되겠죠. 변화하기에 결코 늦을 때는 없지만, 빠를수록 더 쉬워집니다.

그래서 장난감 가방이 필요합니다. 제 언니가 아직 아이들이 어렸을 때 가르쳐준 방법이죠. 이 가방에는 식당에서 음식을 기다리거나 예상치 못한 대기 시간이 생길 때 아이들이 즐겁게 집중할 수 있도록 해주는 물건이 들어 있어요. 장난감 가방에 잘 어울리는 물건으로는 색칠 놀이용 크레파스와 사인펜, 다양한 카드놀이, 작은 장난감 자동차나 미니 스케이트보드, 수업 교구 위키 스틱스(Wiki Stix), 보드게임, 피규어(플레이모빌, 공룡, 동물, 디즈니 공주, 폴리 포켓, 샵킨즈) 등이 있죠. 집에서 가지고 노는 것과는 다른 장난감이어야 하고요. 그래야 새로워서 아이가 흥미를 느끼니까요. 아이의 관심사가 바뀌면 장난감 가방의 내용물도 바꿔야 합니다.

고백하건대 저는 장난감 가방에 넣을 물건을 사는 데 중독됐어요. 거의 열세 살이나 된 딸아이는 아직도 "가방에 뭐 있어?"라고 묻죠. 가방에 들어갈 만한 물건만 보면 사고 싶어지더라고요. 우리 가족이 가장 좋아하는 건 보드게임입니다. 우리는 보드게임 우노를 세상에서 가장 많이 하는 신기록을 세웠을지도 몰라요. 어린아이들은 물론 할머니, 할아버지까지 좋아하는 게임이죠. 온 가족이 즐길 수 있고 게임 방법도 간단하고 들고 다니기 쉽고 질리지 않아요. 물놀이 용품 가방에 방수용 카드도 가지고 다닙니다. 장난감 가방에 들어갈 물건을 사는 가장 좋은 장소는 대형할인점 타깃, 레이크쇼어 러닝, 러닝 익스프레스, 박물관 기념품 가게, 반즈 앤드 노블 같은 서점 등이죠. 작고 가볍고 간편하고 치우기 쉬운 것이어야 합니다.

꼭 장난감 가방에 의지할 필요는 없어요. 기다리는 시간에 할 수 있는 단어 게임도 많죠. 지리, 스무고개, 일반 상식, 철자 등 여러 가지가 있어요. 일회용 설탕 봉지로 누가 설탕 궁전을 잘 짓는지 대회를 열어도 됩니다. 냅킨으로 여러 모양과 동물을 접거나, 식당에서 젤리 봉지로 작은 요새를 만들 수도 있고요. 참여하는 것이 핵심이죠. 행동과 관계, 기술이 크게 개선되어 아이와 가족 모두에게 이롭고요.

활동

어떤 아이들은 며칠 동안 앉아서 책을 읽거나 작은 장난감을 갖고 놀거나 색칠 놀이를 할 수 있습니다. 하지만 활동량이 많이 필요한 아이들도 있죠. 이웃이 어린 강아지를 키우기 시작했을 때가 떠오르네요. 이웃은 뉴욕 메츠의 전설적인 센터 필더 무키 윌슨(Mookie Wilson)의 이름을 본 따 강아지를 "무키"라고 불렀죠. 강아지들이 으레 그렇듯 무키도 말썽꾸러기였어요. 보이는 물건마다 물어뜯어 망가뜨리고 계속 쓰다듬어 달라고 졸랐죠. 사랑스러우면서도 성가신 존재였답니다.

그런데 어느 날 이웃은 친구와의 마라톤 뺨치는 긴 산책에 무키를 데려갔어요. 걷고 또 걷다 집으로 돌아오자마자 무키는 완전히 지쳐 바닥에 쓰러졌고 오후 내내 잠을 잤어요. 그날 후로 이웃은 산책에 꼭 무키를 데려갔죠. 무키의 행동은 매우 차분하고 안정적으로 변했습니다.

많은 아이가 무키와 비슷하죠. 에너지를 쓰지 않으면 행동을 통제하기 힘들어집니다. 연구에 따르면 활동 후에는 생각 기술과 자기통제, 기억, 학교 성적이 개선되죠. 주의력 결핍 장애(ADD)가 있는 아동이든 그렇지 않든 모두 마찬가지랍니다.

그렇다면 활동량이 어느 정도여야 효과를 볼 수 있을까요? 20분 정도만으로 충분합니다. 힘이 넘치는 아이라면 (또는 ADD/ADHD 아동이라면) 신체 활동량을 늘리기를 권합니다. 부모는 아이가 학교에서 돌아오자마자 숙제를 하라고 하죠. 그도 그럴 것이 끝내는 데 무척 오래 걸리기 때문입니다. 저는 부모들에게 다른 전략을 쓰라고 조언해요. 학교에서 돌아온 후 앞마당이나 공원에서 30분간 공놀이를 하게 하면 짧은 시간에 집중해서 숙제를 끝낼 수 있고, 부모의 간섭도 덜 받게 되죠. 하지만 아이가 오후 내내 축구를 한다면 정반대의 효과가 나타날 거예요. 아이답게 에너지를 발산하되 너무 기진맥진하지는 않도록 균형을 찾아주어야 합니다.

칭찬

오늘 아이를 몇 번이나 혼내고 뭔가를 하지 말라고 했는지 생각해보세요. 어제는 어땠나요? 이제 칭찬해주고 엄지를 추어올리거나 하이파이브를 몇 번 했는지 기억해보세요. 대부분 부모는 긍정적인 말을 해주기보다 부정적인 관심을 주고 질책할 때가 더 많죠. 하지만 친절한 말은 행동 개선에 큰 효과가 있습니다. 근래에 칭찬은 열띤 논쟁 주제였죠. 처음에 전문가들은 부모더러 자녀를 칭찬하라고 했죠. 그다음에는 칭찬하지 말라는 조언이 나왔고요. 아이들이 칭찬을 너무 많이 받아서 문제라고요.

이렇게 생각해보세요. 칭찬은 아이들에게 매우 중요합니다. 9장에서 살펴본 것처럼 칭찬은 사회적 강화요인이죠. 올바른 행동을 하고 긍정적 관심을 받게 해주니까요. 강화되는 행동은 반복됩니다. 어떤 행동을 칭찬하면 다른 행동에 더 큰 영향을 끼칠 수도 있고요. 한 연구에서는 어릴 때부터 부모가 올바른 행동에 대해 칭찬한 아이일수록 사회적 기술이 뛰어나다는 결과가 나왔습니다.

직장에서 아무도 알아주지 않는 일을 정말 열심히 한 적이 있나요? 다음번에도 열심히 해야 하는 일이 생기면 전혀 동기부여가 되지 않겠죠. 당연한 일입니다. 하지만 칭찬의 효과는 무엇을 어떻게 칭찬하는지에 달려 있죠.

보상 차트에 없는 행동이라도 바람직한 행동을 보면 꼭 인정해줘야 합니다. 그 방법은 이렇습니다. 그냥 "잘했어"라고 하지 말고 구체적으로 칭찬하는 겁니다. 칭찬하려는 게 무엇인가요? 아이가 바꿀 수 있는 특징을 칭찬하는 겁니다. 예를 들어 외모나 지능("넌 참 똑똑하구나")을 칭찬하는 건 별로 도움이 되지 않아요. 하지만 노력과 집중력, 글씨체, 스포츠맨십, 팀워크, 깔끔한 습관을 칭찬하면 바람직한 행동을 장려할 수 있습니다. 거의 노력도 하지 않는데 A를 받는 아이보다 열심히 노력하지만 B를 받는 아이에게 칭찬하는 편이 더 낫죠.

진심이 담겨 있지 않은 의미 없는 칭찬은, 행동에 긍정적인 영향을 끼치지 않을 뿐만 아니라 오히려 악화시킵니다. 아이는 솔직하지 않은 칭찬을 바로 알아차릴 거예요. 진심으로 칭찬할 수 있는 행동을 찾아야 합니다. 어려워도 노력해야 하고요. 그만큼 중요합니다. 아이에게 쉽지 않은 일이 무엇인지 생각해보세요. 바로 그 부분을 칭찬해야 합니다. 평소 사람들 앞에서 많이 긴장하는 아이라면, 새로운 친구에게 자신을 소개한 행동을 칭찬합니다. 책 읽는 것을 싫어하는 아이가 필독도서를 다 읽으면 칭찬해줘야 마땅하죠! 일주일 내내 마당에서 연습해 드디어 농구 경기에서 자유투를 성공한 아이의 노력을 칭찬해줘야 하고요.

마지막으로 아이의 노력과 능력에 따라 구체적으로 칭찬해주는 게 중요합니다. 다른 아이와 비교하지 마세요. 아이에게 무척 쉬운 일이라면 인정해주지 않아도 될지 모르죠. 하지만 노력해서 조금이라도 개선되는 모습을 보이는 행동은 노력을 인정해주면 큰 도움이 됩니다.

관계

부모에게 사랑과 지지를 받는다고 느끼는 아이들은 바람직한 행동으로 부모를 기쁘게 해주고 싶어 합니다. 부모와 공놀이, 정원일, 진저브레드 하우스 만들기 등을 하며 의미 있는 시간을 보내는 아이는 은행에 저축

하는 셈이죠. 부모와 자녀의 관계가 바로 그 은행입니다. 친밀한 관계는 심한 스트레스로 행동도 나빠질 때 부모와 아이가 큰 문제 없이 견뎌낼 수 있도록 해줍니다. 또 부모와의 친밀한 관계는 아이가 부모에게 요청 받은 일을 하게 하는 동기를 제공하죠. 특히 오랫동안 팽팽한 긴장감 이후 긍정적인 관계를 쌓는 것은 행동 개선에 필수입니다.

아이가 부모와 놀고 싶고 함께 시간을 보내고 싶어 한다면 관계가 잘 형성됐다는 뜻일 수 있죠. 하지만 특정 자녀에게 부정적인 감정이 자리한다면 개선의 노력이 필요합니다. 부모가 특정 자녀가 수월하고 그 아이와의 시간을 선호한다고 인정한다면. 눈살이 찌푸려지는 행동이랍니다. 하지만 인정한다고 해서 긴장감이 사라지지 않죠. 대부분은 오히려 악화됩니다.

까다로운 자녀라도 비판받거나 방치되는 느낌이 들게 하면 안 됩니다. 그런 아이일수록 더 많은 애정과 관심이 필요하고 혼자 놔두면 안 됩니다. 아이와 전쟁이 계속되고 서로 마음 맞을 때가 없는 것처럼 생각된다면, 둘만의 의미 있는 시간을 따로 마련하세요. 매일 또는 몇 시간까지는 아니어도 됩니다. 10분 동안 휴대전화기를 치우고 아이가 좋아하는 일부터 시작하세요. 그 시간 동안에는 지시나 통제, 불평이 끼어들면 안 됩니다. 아이가 좋아한다는 이유로 하기 싫은 일을 해야 할까요? 물이죠. 아이의 관심사를 알고 싶어 하는 모습을 보여주세요.

은둔자 같은 10대 아들과의 거리감 때문에 고민하는 엄마가 있었습니다. 그 아이는 음악을 좋아했죠. 일렉트릭 기타를 연주하는 아이는 좋아하는 밴드의 콘서트에 간절히 가고 싶어 했어요. 엄마는 시끄러운 음악과 사람들이 북적거리는 장소는 질색이었죠. 몇 시간 동안 열기로 가득한 장소에서 시끄러운 음악을 듣는다는 건 엄마에게 전혀 흥미로운 일이 아니었으니까요. 하지만 그 엄마는 제 조언에 따라 아들과 함께 콘서트에 가기로 했죠. 저는 그녀에게 불평하지 말라고 조언했어요. 절대 불평을 한마디도 하면 안 된다고요. 부정적인 생각을 억누르고 자주 미소 짓고 고개를 끄덕이라고 했죠.

그녀는 음악은 싫었지만 아들과의 시간은 좋았다고 합니다. 자연스러운 모습으로 즐거워하는 아들을 보니 그동안 전혀 알지 못했던 모습 같았다고요. 그녀는 그동안 부정적인 태도로만 아이와 아이의 관심사를 바라봤다는 사실을 깨달았죠. 그날 저녁은 대성공이었죠!

물론 엄마에게는 견디기 힘든 시간이기도 했습니다. 실제로 그녀는 아이를 키우면서 그렇게 힘들었던 과제는 처음이라고 했죠. 하지만 그날 저녁은 엄마와 아들의 관계를 크게 변화시켰어요.

부모의 수많은 책임 가운데 관계 형성은 자녀의 기본 욕구를 충족해주는 긴급한 일에 가려져 뒤로 밀려날 때가 많아요. 하지만 행동과 관계는 서로 밀접한 관계가 있죠. 그동안 자녀와의 관계에 소홀했다면 관심을 기울여야 합니다.

시간에 쫓기기

부모와 자녀는 시간이 별로 없거나 여기저기 급하게 이동해야 할 때 최악의 기분이 됩니다. 부모는 이성을 잃거나 지름길을 택해 아이에게 혼란스러운 메시지를 보내죠. 아직 어린아이들은 서둘러야 할 때 거의 완전히 행동을 멈춥니다. 좀 더 컸거나 정리정돈을 잘하지 못하는 아이들은 중요한 물건을 잃어버리기 십상이고요. 미리 계획을 세워 아침에 나갈 준비나 숙제, 저녁 식사, 목욕에 걸리는 시간을 줄인다면 (부모와 자녀 모두의) 감정 격분을 피할 수 있습니다.

 저는 점심 도시락을 싸는 게 싫더라고요. 부모가 할 일 중에서 제가 가장 싫어하는 일이에요. 제가 아침형 인간이 아니기 때문입니다. 정신없이 아침 식사를 준비하는 동시에 서로 완전히 다른 도시락을 두 개 싼다는 건 제게 고문이나 마찬가지죠. 전날 도시락통을 설거지하지 않았거나 가정통신문에 사인해야 하거나 어머니회에 낼 돈을 깜빡했는지 등은 상관없어요.
 제가 전날 조금만 미리 준비하면 우리 가족의 아침 일과는 훨씬 수월하게 흘러갑니다. 잠자기 전 간식거리와 음료수, 과일을 미리 싸놓죠. 샌드위치를 만들어 냉장고에 넣어두기도 하고요. 아이들에게 학교에서 돌아오면 도시락 가방을 주방에 가져다놓으라고 합니다. 도시락통을 꺼내놓는 것까지 연습시키고 있죠(솔직히 아직 진행 중이죠).

필요한 서류 작업은 전날 해놓습니다. 물론 항상 그런 것은 아니죠. 하지만 제가 미리 준비해놓을수록 아이도 저도 서로 소리 지르고 성질 내는 역기능적 행동이 훨씬 줄어듭니다.

부모는 저녁 시간에도 같은 문제에 부딪힙니다. 고객들에게 하루 중 자녀와 가장 많이 부딪히는 시간이 언제인지 물어보면 거의 오후 4시에서 저녁 7시 사이라고들 하죠. 하지만 이때도 미리 계획을 세워놓으면 수월해지고 서로의 행동이 개선됩니다. 슬로 쿠커로 저녁을 준비하는 동안 아이의 숙제를 봐주거나 함께 즐거운 일을 할 수 있죠. 주말에는 음식을 충분히 준비해놓고 바쁜 주말 저녁에 먹습니다. 미리 요리해서 냉동해두면 식사 준비에 대한 부담감이 줄어들어 더 좋고요.

자녀의 바람직하지 않은 행동을 전부 예방하기란 불가능합니다. 지금까지 소개한 요령들은 가족을 직접 대하는 상황일 때 유용해요. 이 방법들을 시도하거나 다른 일에서도 효율적인 방법을 찾아보세요. 아이의 수면과 배고픔의 욕구를 고려해 일정을 세우거나 미리 준비하세요. 항상 가능하지는 않겠지만 시도해볼 가치가 충분하답니다!

- 식사와 수면은 매일 규칙적인 계획으로 졸림과 배고픔에 따른 문제 행동을 예방한다.
- 칭찬은 사회적 강화요인으로 아이가 올바른 행동에 관해 긍정적인 관심을 받게 해준다.
- 아이의 변화 능력 안에 자리하는 특징을 칭찬한다.
- 자녀와의 긍정적인 관계는 행동 개선에 꼭 필요하다.

'선택적 무시'의
방해물과 해결 방법

The Impediments to Success and
How to Fix Them

'선택적 무시'는 간단한 프로그램입니다. 무시하고 경청하고 재개입하고 수리하죠. 복잡할 게 전혀 없지 않나요?

사실 그렇지 않습니다. 방법 자체는 간단하지만 실행은 그렇지 않죠. 아이들은 시스템을 유리하게 이용하는 대가들이에요. 어느 버튼을 눌러야 하는지 알고 두려움 없이 누르죠. 아이가 아이답게 예상에서 벗어난 행동을 할 때마다, 아무리 좋은 의도와 강력한 동기를 가진 부모라도 옆길로 벗어납니다. 순전히 부모의 책임으로 일어나는 실패들도 있죠. 의도하지 않은 실수는 개선을 지연시키거나 막습니다. 이 장에서는 '선택적 무시'의 성공을 막는 가장 큰 위험에 대해 살펴보려 합니다.

무시는 다음과 같이 정의된다:

- 뭉개버리는 것

- 관심을 주지 않는 것

- 일부러 아는 척하지 않는 것

부모들은 무시와 '선택적 무시'를 착각할 때가 많습니다. 무슨 말인가 하면 이렇죠. 아빠가 생떼 부리는 아이를 무시합니다. 아이는 "아빠 싫어!"라고 소리치며 아빠의 인내심을 시험하죠. 아빠는 곧바로 "맘대로 해!"라고 쏘아붙인 후 다시 무시하기 시작합니다.

'선택적 무시' 훈육법은 중간에 쉬어가는 시간이 없습니다. 일관적으로 적용해야 해요. 그렇지 않으면 행동의 이익이 유지되고 강화됩니다. 절대로 반응하면 안 된다는 뜻이에요. 씩씩거리거나 한숨 쉬는 소리, 혀를 쯧쯧 차는 소리도 내지 마세요. 아이의 행동에 영향을 받는다는 것을 뜻하는 화난 표정과 신호도 드러내면 안 됩니다. 몸짓과 표정에서도 아이의 행동에 전혀 신경 쓰지 않는다는 게 드러나야 합니다.

언젠가 한 엄마가 10대 딸에게 '선택적 무시'를 활용하는 모습을 관찰한 적이 있어요. 그 엄마는 무시 단계에서 한마디 말도 하지 않았지만 발을 계속 탁탁 두드리듯 움직였죠. 얼굴은 노려보는 표정이고 한 손을 허리에 올렸고요. 화가 났다는 뜻이었죠. 전 세계 어떤 언어를 사용하는 사람이라도 알 수 있었을 거예요. '선택적 무시'에서 절대로 해서는 안 되는 행동입니다.

"무시하지만 사실은 무시하지 않는" 덫에 빠지는 사례는 또 있어요. 엄마가 아들의 요청대로 미트볼이 들어간 파스타를 만듭니다. 음식이 다 되자 아이는 먹지 않겠다고 반항하기 시작하죠. "미트볼 싫어! 치즈 샌드위치 해주면 안 돼?" 엄마는 단호하게 아이의 요청을 잘라냅니다. "안 돼!" 하지만 엄마의 단호한 반응에 익숙하지 않은 아이가 엄마의 신경을 건드리기 시작하죠. 우선 음식을 저리 밀칩니다. 엄마는 그 행동을 어렵지 않게 무시하죠. 하지만 아이가 음식으로 장난을 치기 시작합니다. 엄마는 혼내고 싶은 마음을 억누르고 계속 무시합니다.

아이가 미트볼을 애완견에게 던집니다. 참다 못해 엄마가 곧바로 달려가 소리칩니다. "먹기 싫으면 먹지 마!" 엄마는 씩씩거리며 가버리죠. 미트볼을 먹기 싫었던 아이에게 먹지 말라는 것은 보상이나 마찬가지죠. (부정적 강화) 아이는 보너스로 엄마의 신경까지 긁어놓았고요. 엄마는 엄마를 개입시키려는 아이의 모든 시도를 무시했어야 합니다. 아이가 음식을 가지고 장난치는 일을 멈추자마자 개입했어야 하죠. 그때 침착한 목소리로 말해야 했습니다. "미트볼을 안 먹겠다는 건 알겠지만 그렇다고 주방을 어지르면 안 되지. 자, 행주로 애완견을 닦아주고 바닥에 흘린 미트볼도 치워!"

선제공격

부모가 '선택적 무시'로 훈육할 시간이나 기운이 없을 때도 있지요. 그래서 선수를 치려고 하지만 별 도움이 되지 않습니다. 몇 초마다 엄마나 아빠가 "그만두지 않으면 ~할 거야(벌)"라고 말하죠. 이 방법에는 이중의 문제가 있습니다.

첫째, 부모는 반복적으로 (벌 주고) 위협하지만 그 벌을 실제 행동으로 옮기지 않으리라는 사실을 알고 있죠(아이도 알고 있고요). 빈말에 불과한 위협입니다. 정말 행동으로 옮길 생각이라면 말만 하지 않고 바로 행동으로 옮기겠지요.

두 번째 문제는 무시해야만 하는 상황을 피하려 하다 보니 아이의 행동에 관심을 주고 강화한다는 점입니다.

공격은 최고의 방어랍니다. 11장에서 살펴본 것처럼 적극적으로 계획을 세우고 다른 예방책도 활용하지요. 하지만 아이가 이미 문제 행동을 보이기 시작한 상태에서 무시하겠다고 경고하면 아무런 효과가 없어요. 오히려 행동이 강화됩니다. 그냥 무시하면 행동이 멈출 거예요.

시간 없으니까
건너뛰기

부모는 바쁘죠. 성실하고 꼼꼼하게 '선택적 무시'를 실행하는 부모라도 가끔 곤경에 처합니다. 아이가 행동을 멈출 때까지 무시해야 한다는 사실을 알지만 기다리기 지쳐서 과정을 서두르려고 합니다. 성급하게 재개입 단계로 가는 중대한 실수를 저지르죠.

미셸은 오후에 다른 엄마들과 공원에서 만나기로 했습니다. 세 아이 중 막내가 낮잠에서 깨면 나갈 계획이었죠. 두 아이 나타샤와 마니는 식탁에서 체스를 두며 여동생이 깨기를 기다렸어요. 엄마는 곧 나가야 하니 체스를 그만하고 치우라고 했습니다. 몇 번이나 더 말했죠. "오늘은 말썽부리지 말자. 시간 없어. 빨리 치워."

마니는 엄마의 말대로 했지만 나타샤는 순순히 따르지 않았죠. 징징거리고 불평했습니다. 몇 번 더 징징거렸지만 엄마는 무시했죠.

마니가 체스판을 치웠을 때 막내가 깼습니다. 엄마는 기저귀를 갈아주고 나갈 준비를 했어요. 그런데 나타샤가 계속 생떼를 부립니다. 엄마는 나타샤가 진정하고 다시 재개입할 수 있을 때까지 조용히 기다렸어요. 하지만 너무 시간이 걸렸죠. 인내심이 바닥난 엄마는 "진정해, 나타샤. 그래야 나가지"라고 했습니다. 나타샤가 진정하지 않으면 나갈 수 없다고 자세히 설명했죠. 울음을 그치고 차에 타게 만들려는 유인을 제공하고 '선택적 무시'의 과정을 빠르게 진행시켰습니다. 나타샤에게만 관심을 주어 아이의 잘못된 행동을 강화한 셈이죠.

나타샤가 반박과 격분 행동이 소용없다는 사실을 배우려면 엄마는 행동에 따르는 이익을 전부 없애야만 했습니다. 하지만 엄마는 빨리 도착점에 이르려고 이익을 몇 가지나 제공했어요. 나타샤는 엄마의 관심을 잔뜩 받았을 뿐만 아니라 밖에 나가는 시간도 늦추었죠. '선택적 무시'를 시작한 후에는 반드시 아이의 행동이 멈추기를 기다렸다가 재개입해야 합니다. 대단히 중요한 부분이에요. 무시하다가 개입하면 행동이 계속될 뿐만 아니라 오히려 더 심해지기 때문이죠. 아이는 부모를 개입하게 만들려면 더 심하게 난리를 피워야 한다고 생각할 거예요. 행동이 멈출 때까지 완전히 무시해 그런 일을 막아야 합니다.

단계 생략하기

무시 → 경청 → 재개입 → 수리

'선택적 무시'는 네 단계로 이루어집니다. 처음 세 단계는 타협할 수 없습니다. 반드시 순서대로 정확하게 완수되어야 하죠. 물론 마지막 단계도 필요하지만 모든 상황에 필요하지는 않아요. "나는 느긋한 독서가 좋아"를 기억하시죠?

이 말이 '선택적 무시'의 단계와 순서를 기억하는 데 도움이 되기를 바랍니다. 그런데 여러 이유에서 부모들은 단계를 하나씩 빠뜨리곤 하죠. 어떤 부모들에게는 무시 단계가 매우 쉽죠. 점점 심해지는 자녀의 행동에 지치고 짜증 난 나머지 즐겁게 무시할 수 있으니까요. 자녀와의 까다로운 관계에서 잠시나마 달콤한 휴식을 즐긴다고나 할까요.

하지만 그들은 재개입 단계를 빠뜨립니다. 긍정적인 태도로 재개입하는 과정은 부모와 자녀가 방금 일어난 사건을 잊어버리고 다음으로 넘어가도록 해줍니다. 앙금 없이 끝날 수 있죠. 부모가 재개입을 통해 바로 전의 일을 넘어간다는 사실을 보여주지 않으면, 문제 행동이 다시 시작될 위험이 커집니다. 따라서 연기해야 하는 한이 있더라도 긍정적인 태도를 보여주세요. 행복한 미소를 지어야 해요. '선택적 무시'를 활용할 때는 한 단계도 빠뜨리면 안 됩니다.

부모는 사건 후 수리 단계가 필요하다는 사실은 금방 기억할 수 있어요. 긍정적으로 재개입한 뒤 바로 전에 성질을 부린 행동에 대해 사과하거나 어지른 것을 치우라고 하죠. 하지만 자신의 행동에 대한 수리는 잊어버립니다. 부모도 인간이기에 실수할 수 있죠. 화가 나서 나중에 후회

할 말을 하기도 합니다. 반항하는 아이에게 공격적인 태도를 보이기도 하고요. 자녀와의 관계를 해치는 다른 행동을 할 수도 있습니다. 부모가 바로 전에 일어난 사건에서 잘못을 인정하면 자녀와의 관계를 치유하고 앞으로 나아가는 데 효과가 커집니다.

친절하지 못하거나 경솔하거나 부적절한 말을 했다면 사과하세요. 사과하는 방법을 아이에게 본보기로 보여주는 기회도 됩니다. 사과하면 실수가 정상적인 게 됩니다. 부모를 포함해 누구나 실수할 수 있어요. 진심을 담아 사과하면 되죠.

엄마와 아빠의 관점이 다를 때

자녀 양육은 매우 까다로운 일입니다. 두 성인이 똑같은 방식으로 자녀를 양육해야 한다면 야생의 원숭이를 울타리 안으로 몰아넣는 것과 비슷할 거예요. 아이를 함께 키우는 그 두 사람은 같은 가정에서 자라지 않았죠.

서로 다른 환경에서 자란 부부는 가장 좋은 양육법에 관한 생각이 일치하지 않을 때가 많아요. 한 사람은 아이가 어른의 말에 끼어들면 안된다고 생각하지만 나머지 사람은 아이의 생각을 존중해주는 환경에서 자랐을지도 모르죠. 한쪽은 넉넉하지 못한 가정에서 자라 자녀에게 무조건 다해주고 싶어 하지만 다른 쪽은 너무 오냐오냐 키우는 것에 반대할 수도 있고요. 이처럼 자라온 환경이 부모의 양육 스타일에 영향을 끼치지만 유일한 요인은 아닙니다. 부모는 최선에 관한 생각이 다를 수 있어요. 한쪽은 아이들과 한방에서 자는 걸 좋아하지만 다른 쪽은 아이들이 제 방에서 자지 않고 부모의 방으로 오면 쫓아내려고 합니다. 아빠는 디저트를 좋아해서 매일 아이들과 저녁 식사 후 디저트를 먹으려 하지만, 엄마는 건강에 좋은 식단을 추구하죠. 무슨 뜻인지 다 아실 거예요. 저는 가족 코치로 일하며 자녀 양육 스타일을 중재해달라는 부탁을 가장 많이 받습니다. 엄마와 아빠의 생각이 일치하지 않는 거죠.

그런데 그게 그렇게 중요한 문제일까요? 부모가 보내는 메시지에 일관성이 없으면 아이는 잔머리를 쓰려고 합니다. 원하는 것을 얻으려 부모를 조종하고 온갖 꾀를 다 부리죠. 그리고 부모의 훈육법이 다르면 서로의 방법에 방해가 될 수 있어요. 자녀가 공격적인 행동을 보일 때 아빠는 '선택적 무시'를 쓰려고 하지만 엄마는 바로 상대하면서 혼내주려고 한다면? 아빠의 노력이 소용없죠. 엄마가 아이의 행동을 강화하기 때문입니다.

물론 부모는 모든 행동이 똑같을 필요가 없어요. 약간의 다양성이 있으면 오히려 좋죠. 우리 집은 남편이 아이들에게 약한 편이랍니다.

그래, 지하실에 거대한 요새를 지으렴. 그래, 바쁜 아침 시간이지만 팬케이크를 해줄게. 그래, 밤에 영화 봐도 돼.

반면 저는 계획과 일정을 지키는 편입니다. 그래서 안 된다고 할 때가 많죠.

안 돼, 두 시간 늦게 잘 수 없어. 브라우니가 아무리 맛있어도 세 개째는 안 돼. 컴퓨터 해체하지 마.

하지만 이렇게 다양한 접근법도 효과적입니다. 두 가지 방법을 아이들에게 활용할 수 있으니까요. 하지만 우리 부부는 '선택적 무시'와 긍정적 강화, 훈육에서만큼은 생각이 다르지 않습니다. 그것만큼은 부부의 생각이 일치하죠. 아이들 문제에 관해 서로 의견 차이가 발생하면 둘이 조용히 대화를 통해 타협하려고 노력합니다.

부모가 서로 힘을 합치지 않으면 결혼생활에 해롭습니다. 세상 모두가 적극적인 파트너와 행복한 결혼생활을 하는 것은 아니겠죠. 이혼 후의 공동양육은 여러 난관이 많을 수 있습니다. 하지만 자녀의 몇 가지 행동에 '선택적 무시' 훈육법을 적용해, 자녀를 효율적으로 양육할 수 있도록 최선을 다해야 합니다. 바람직하지 않은 행동이 사라지면 가족 모두에게 이롭습니다.

대안 행동이란
무엇인가?

'선택적 무시'는 바람직하지 않은 행동을 크게 줄여줍니다. 하지만 대안 행동을 긍정적 강화와 합치면 훨씬 더 효과적이죠. 조르고 애원하고 협상하는 아이가 반발하지 않고 부모의 지시를 바로 따른다면 보상을 해주어야 합니다. 집 안을 어지르고 다니는 아이는 옷을 제자리에 치우면 칭찬해주세요. 징징대는 아이는 징징대지 않고 부탁하면 보상이 주어져야 합니다. 욕하는 아이는 부적절한 언어가 아닌 적절한 언어를 사용하면 칭찬해주세요. 하지만 부모는 자녀의 대안 행동에 보상을 해주는 것을 잊어버립니다. 부정적인 행동에 더 초점을 맞추니까요.

자녀의 바람직하지 못한 행동을 무시하고 바람직한 행동에는 관심을 주어야 합니다. 그래야만 바람직한 행동이 더 자주 일어날 수 있습니다. 바람직한 행동인 대안 행동도 충분히 강화되지 않으면 사라집니다.

간헐적 강화

아이의 협상 행동을 무시한다고 가정해보죠. 당신은 생떼 부리기와 과도한 불평을 전부 무시하는 데 성공합니다. 저녁 식사를 거부하고 할머니 댁에서 소란을 피우는 행동을 전부 무시합니다. 잘하고 있습니다.

하지만 어느 날 당신은 몸이 아프거나 피곤하거나 잠깐 정신이 팔렸습니다. 마침 장소가 슈퍼마켓 계산대네요. '선택적 무시' 덕분에 사탕이나 장난감을 사달라고 떼쓰는 행동이 크게 줄었지만 아이는 당신의 의지를 시험해보려고 합니다. "엄마, 껌 사면 안 돼?" "안 돼." 그러자 떼쓰는 행동이 돌아오고 순간 약해진 당신은 굴복하고 맙니다. 아이의 승리네요. 당신은 방금 간헐적 강화를 한 것입니다.

바람직하지 못한 행동을 대부분 무시해도 몇 차례 강화가 일어나면 아이에게 강력한 동기를 제공합니다. 일관성 있게 무시하지 않는 행동은 소거에 저항력이 생기죠. 한 부모는 무시하고 다른 부모는 강화하면 일관성이 사라지죠. 하지만 부모가 가끔 무시하는 것을 잊어버려도 그럴 수 있어요. 따라서 '선택적 무시'가 별로 효과적이지 않다면, 누군가가 잘못된 행동을 간헐적으로 강화하지 않는지 살펴봐야 합니다.

다시 말하지만 '선택적 무시'는 단순하면서도 복잡합니다. 아이들은 영리하죠. 부모가 일상에 치여 집중하지 못할 때도 있습니다. 하지만 '선택적 무시'가 생각대로 되지 않고 있다면, 어디에서 잘못되고 있는지 평가해봐야 합니다. 앞의 내용을 다시 읽어 더 확실하게 이해한 상태로 다시 시도합니다. 작은 변화가 큰 차이를 만들 수 있어요. 이 책에서 말하는 효과가 나올 때까지 계속해보세요!

- 제대로 무시하지 않기, 나쁜 행동 외면하기, 서둘러 재개입하기, 부모의 의견 차이는 '선택적 무시'를 옆길로 벗어나게 만드는 가장 큰 실수다.
- 일관성 없는 무시로 간헐적 강화가 이루어지는 행동은 '선택적 무시'에 저항력이 생길 수 있다.
- 바람직한 행동이 사라지지 않도록 관심을 기울이고 충분히 보상해준다.

평가

Evaluation

이번 장은 선택 사항입니다.

중요한 사실이니 한 번 더 강조하겠습니다.

이번 장은 선택 사항입니다.

저도 조금 이상하다는 건 압니다. 필요하지 않을 수도 있으니 지나가
도 된다는 말로 시작하다니, 이상할 만하죠. 하지만 이유가 있습니다.
어떤 부모들은 '선택적 무시'의 효과를 직접 보고 느끼죠. 행동이 개선
된 것을 곧바로 알아차립니다. 자녀와 보내는 시간이 전보다 훨씬 즐거
워졌죠. 일상에서 아이의 문제 행동을 다루는 일이 훨씬 안정적이 되고

스트레스가 줄었지요. 이런 부모는 자녀의 행동을 기록해 효율성을 평가할 필요가 없을 거예요(원하지도 않을 수 있고요). 개선된 삶의 질이 느껴지는 것만으로도 충분하니까요.

그런 부모들에게 이 장은 선택 사항입니다.

하지만 그렇지 않은 부모들도 있겠죠. 저처럼 자료로 직접 효과를 확인해봐야 직성이 풀리는 사람도 있고요. 저는 말만으로 믿기 어렵고 연구 결과가 없으면 갈피를 잡지 못합니다. 주장이 사실이고 약이 정말 잘 듣고 치료법이 행동을 개선해준다는 증거를 원하죠. 가족 코치인 저는 고객들이 확실하지 않은 치료법에 돈과 시간을 낭비하지 않도록 해주어야 합니다. 물론 모든 사람이 중재에 같은 반응을 보이지는 않죠. 어쩔 수 없는 일이지만요. 하지만 방법이 효과적일 가능성이 크다는 사실을 알려주는 연구 자료가 꼭 필요합니다.

'선택적 무시' 훈육법을 친구나 이웃에게 추천하려면 확실히 효과가 있음을 알아야 할 거예요. 몇 해 동안이나 전형적인 협상가로 살아온 아이가 있다고 가정해보죠. 부모는 '선택적 무시'로 아이의 협상 행동을 없애는 데 성공했습니다. 개선 효과가 눈에 확 띌 정도로 나타났죠. 하지만 변화가 '선택적 무시' 덕분이라는 사실을 어떻게 알까요? 어떤 환경의 변화로 행동이 개선됐을지도 모르는 일인데요. '선택적 무시' 훈육법을 활용하기 시작하면서 공교롭게 식단과 운동에 큰 변화가 있었다면? 그런 경우 '선택적 무시'가 가져다준 결과인지 아이의 삶에 일어난 다른 변화 때문인지 알 수 없죠. 하지만 신중히 평가해보면 행동 개선이 정확히 무엇 덕분인지 알 수 있습니다.

'선택적 무시' 훈육법의 평가가 필요한 중요한 이유는 또 있어요. 아이가 하루에 적어도 열 번씩 생떼를 부린다면 여섯 번으로 줄어든다고 차이가 느껴지지 않겠죠. 하루 여섯 번만 해도 여전히 온종일 떼를 쓰는 것처럼 느껴질 테니까요. 하지만 여섯 번이 열 번보다 낫습니다. 확실히 개선됐죠. 기록 평가는 부모에게 '선택적 무시'의 효과를 직접 보여줍니다. 하지만 매우 오랫동안 계속된 행동인 데다, 간헐적 강화 때문에 행동이 고쳐지기까지 오래 걸릴 수도 있어요.

개선 효과 자료를 눈으로 확인하면 희망을 얻고 '선택적 무시'를 계속하겠죠. 최악의 상황은, 행동이 개선되고 있는데도 속도가 빠르지 못하다는 이유로 그만두는 겁니다. 저는 그럴 때마다 안타깝습니다. 거의 다 왔는데도 극적인 변화가 아니라는 이유로 '선택적 무시'를 포기하는 부모들이 있어요. 아이의 행동은 계속 나빠지고 부모는 기운이 빠지죠. 평가가 그 문제를 해결해줍니다.

평가가 도움 되는 중요한 측면이 또 있어요. 부모들에 따르면 자녀가 사랑스럽게 행동하는 날도 있다고 하죠. 사고 없이 말을 잘 듣는 날이요 그런가 하면 또 어떤 날은 울고 소리 지르고 신경을 긁고 악몽이 펼쳐집니다. 몇 주 동안 행동을 기록해보면 행동의 변동성을 설명해주는 중요한 패턴이 나타납니다. 흔히 아이들은 (부모도) 새로운 한 주가 시작될 때 어려움을 겪죠. 일요일 저녁과 일요일이 가장 힘들 수 있고요. 어떤 가정에서는 아이들이 종일 잘 있다가도 오후 늦은 시간부터 완전히 변해버리곤 합니다. 힘든 시간을 알아두면 큰 도움이 될 거예요.

'선택적 무시'를 시작하기 전의 추적

중재를 시작하기 전에 행동을 분석하는 것을 기저선(baseline)이라고 합니다. 문제를 다루기 전에 더 잘 이해하려는 게 기저선의 목적이죠. 기저선은 나중의 비교를 위한 출발점을 정해줍니다. 의사들은 기저선 엑스레이로 병의 진행을 살피고요. 연구자들은 기저선 자료로 중재의 효과를 평가합니다. 자료 분석은 매우 복잡할 수 있지만 꼭 그럴 필요는 없습니다. 전문 지식이나 교육이 없이도 자료에서 나타나는 패턴이 보이니까요.

거의 모든 것을 추적하는 다양한 앱이 있습니다. 웨이트 와처스(Weight Wachers)는 음식 섭취량을 추적합니다. 운동을 좋아하는 사람은 걸음 수를 측정합니다. 수면 시간, 화장실 이용 횟수, 마신 물이 몇 잔인지까지 온갖 다양한 추적이 이루어지죠. 여성들은 매달 생리 주기와 배란일 주기도 추적합니다. 자료에서 습관을 바꿔주는 유용한 정보를 많이 얻을 수 있죠. 추적은 단순하지만 개입 없이도 이로운 도구입니다. '선택적 무시'를 활용하기 전부터 추적이 도움을 준 사례를 소개하고자 합니다.

평가: 중재를 체계적으로 측정하는 것
기저선: 중재하기 전에 평가하는 것

열여섯 살인 조시는 매우 독특한 행동 패턴을 보이는 소년이었습니다. 부모가 이혼해서 평일에는 엄마와, 주말에는 아빠와 시간을 보냈죠. 엄마 마리아는 조시가 자주 소리 지르고 욕해서 불만이었어요. 언성을 높이지 않고 대화하기가 힘들었죠. 엄마는 2주 연속으로 조시의 행동을 추적했습니다(241쪽 그래프). 곧바로 패턴이 나타났고 엄마는 깜짝 놀라는 동시에 기대가 됐죠. 조시가 항상 소리 지르는 것은 아니라는 사실이 기뻤습니다.

보통 조시는 평일에는 괜찮았죠. 수요일만 빼고요(그 이유를 나중에 설명하겠습니다). (예전에 아들과의 소통에 아무런 문제가 없었던 시절이 있었기에) 이 정보는 마리아를 눈물 짓게 했습니다. 그동안 그녀는 자신이 실패했다고 느꼈고 아들과의 관계도 희망이 없을까 봐 두려웠죠. 하지만 자료는 거짓말을 하지 않습니다. 엄마와 아들의 관계는 대체로 문제가 없는 편이었죠.

하지만 마리아를 아연실색하게 만든 것은 조시의 격분 행동이 나타나는 시간대였습니다. 추적 자료에 따르면 조시는 일요일과 월요일, 수요일에 격분 행동을 보이는 경향이 있었죠. 아이가 왜 그 요일을 힘들어하는지 엄마는 금방 알 수 있었습니다. 조시는 아버지와 주말을 보내고 돌아온 후 평소의 생활로 돌아가는 데 어려움을 겪었죠. 흔한 현상입니다.

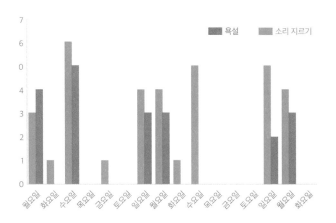

그래프: 조시의 욕 하고 소리 지르는 행동

수요일은 조시의 일정이 꽉 찬 날이었어요. 오후 3시 45분에 학교에서 돌아와 4시부터 과외를 했죠. 과외 수업이 끝나면 서둘러 간식을 먹고 수구 연습을 하러 갔고요. 5시 30분부터 7시까지 수영을 하고 몹시 배고픈 상태로 돌아왔습니다. 엄마가 저녁을 준비하는 동안 조시는 숙제를 했죠. 저녁 식사와 샤워, 숙제 마무리, 잠잘 준비로 남은 시간이 채워졌습니다. 수많은 할 일 사이에 마리아와 조시 사이에는 자주 고성이 오갔습니다.

마리아는 '선택적 무시'를 활용하기 전에 문제 행동을 추적하는 것만으로 조시의 행동을 바꿀 수 있었습니다. 그녀는 더 나은 계획이 필요하다는 사실을 깨달았죠. 수요일의 과외 수업은 과외교사에게는 편리한 시간이지만 조시에게는 아니었습니다. 그녀는 조시가 수구 연습을 하러 가기 전에 휴식을 취할 수 있도록 과외를 다른 날로 옮기기로 했죠. 그리고 조시가 연습에서 돌아오자마자 먹을 수 있도록 슬로 쿠커로 미리 저녁 식사를 준비했습니다. 연습을 마치고 집으로 돌아오는 차 안에 간식거리도 챙겨놓았고요.

이렇게 비교적 작은 변화만으로도 조시에게는 수요일이 좀 더 즐거워졌습니다. 마리아는 나머지 행동은 '선택적 무시'로 대처했어요. 주말에 아빠를 만나고 돌아와 다시 일상에 적응해야 하는 과정을 더 수월하게 만들어줄 수는 없었지만, 왔다 갔다 해야 하는 아들의 심정을 이해하려고 노력했죠.

마리아는 '선택적 무시'를 시작한 후 몇 주 동안 더 조시의 행동을 기록했습니다. 결과적으로 엄마와 조시의 부정적 상호작용이 크게 줄어들었죠. 조시가 화를 내더라도 '선택적 무시' 덕분에 사태가 악화하지 않았습니다.

코너의 부모는 세 살배기 아들의 분노 발작이 너무 심각해서 도움을 요청해왔습니다. 그 또래 아이에게는 흔한 일이지만 코너는 조그만 일에도 심하게 생떼를 썼죠. 코너는 세 아들 중 막내였습니다. 각각 열두 살과 아홉 살인 형들은 스포츠를 열광적으로 좋아했죠. 둘 다 1년 내내 야구와 플래그 풋볼을 했습니다. 코너는 형들과 함께 어울리며 자신도 그만큼 잘할 수 있다는 걸 보여주고 싶어 했어요. 하지만 나이 차이가 크게 나서 비교가 되지 않았죠. 코너는 그 일로 스트레스를 많이 받았습니다. 부모는 막내아들의 행동을 일주일 동안 추적했죠. 격분 행동이 너무 잦았기에 그런 행동이 나올 때마다 막대 표시를 하나씩 더하는 차트를 이용했습니다(기록도 쉽고 한눈에 패턴을 알아볼 수 있어 추천합니다).

결과는 많은 것을 알려줬습니다(244쪽의 표). 코너가 일반적으로 격분 행동을 하는 시간대는 주로 정오와 오후 2시 사이, 잠자기 몇 시간 전이었습니다. 주말에는 특히 심했고요(토요일에는 14회, 일요일에는 16회였다). 엄마와 아빠는 코너가 토요일과 일요일에 유독 문제 행동을 많이 하는 이유를 알 수 있었습니다. 주말에는 하루에 두 번 형들의 시합이 있었죠. 같은 팀이 아니기에 부모는 각각 한 명씩 맡아 시합에 데려갔어요. 따라서 코너는 주말마다 이 경기장으로 저 경기장으로 끌려다녔죠. 낮잠을 제대로 못 자고 자신 위주로 정해진 활동도 전혀 하지 못했습니다. 식사는 늦게 하거나 이동하는 동안에 먹었고, 하루가 끝날 때쯤이면 기진맥진했죠. 엄마와 아빠는 '선택적 무시'를 시작하기 전 상황 개선을 위해 둘째가 하는 스포츠를 하나로 줄였습니다. 어차피 아이가 플래그 풋볼을 별로 좋아하지도 않았으므로 쉬운 결정이었죠. 또 부모는 첫째와 둘째를 경기장에 데려다주는 일에도 변화를 줬어요. 물론 그들은 아이들의 시합을 하나도 빠뜨리지 않고 구경하고 싶었지만 막내를 등한시하는 게 공평하지 않은(그리고 아이의 건강에도 좋지 않은) 일임을 깨달았죠. 부모는 경기에 꼭 가고 싶지만, 코너에게 힘들 것 같으면 보모를 고용했습니다.

코너의 격분 행동

격분 행동	8~10am	10~12pm	12~2pm	2~4pm	4~6pm	6~8pm
월요일						
화요일						
수요일						
목요일						
금요일						
토요일						
일요일						

이 작은 변화만으로 주말의 격분 행동이 크게 줄어들었어요. 그 후부터 엄마와 아빠는 평일에 '선택적 무시'를 활용하는 일로 넘어갔습니다. 아이가 평일 어느 시간대에 까다롭게 구는지 알고 있으므로 '선택적 무시'를 잊지 않고 사용할 수 있었죠.

'선택적 무시'와 보상 평가

지금까지 '선택적 무시'를 시작하기 전에 행동의 패턴을 관찰하는 방법을 살펴봤습니다. 기저선 자료는 부모가 일정과 식사, 자녀와의 관계에 나타난 문제를 바로잡도록 도와줍니다. 하지만 그 자료는 '선택적 무시'를 시작한 후에 훨씬 더 많은 사실을 알려줍니다.

앨리슨은 자기 마음대로 하는 데 익숙했죠. 생떼를 부리기 전에 부모가 져주기 마련이었습니다. 하지만 마음대로 할 수 없는 일도 있었어요. 그럴 때마다 앨리슨은 매우 심한 격분 행동을 보였죠. 5일 동안의 기저선 추적에 따르면 앨리슨은 매일 3~4회 그런 행동을 했어요. 6일째 되는 날 부모는 아이가 격분 행동을 보일 때마다 '선택적 무시'를 썼습니다. 그리고 보상 차트도 활용하기 시작했죠. 어지른 것을 직접 치우거나 얌전히 앉아서 밥을 먹을 때 보상을 해줬어요. 모두가 평소 앨리슨이 힘들어하고 격분 행동을 하게 만드는 일들이었죠.

'선택적 무시'와 보상 차트를 활용하고 얼마 후 앨리슨은 소거 발작을 보였습니다(246쪽 그래프). 9일째 되는 날에는 6회로 최고치를 보였죠. 하지만 부모는 무시를 계속했고 보상받는 횟수가 늘어나는 동시에 분노 발작도 줄어들었습니다. 앨리슨은 보상 차트를 무척 좋아했어요. 점수를 모으면 가장 좋아하는 서점에 갈 수 있었으니까요. 일주일 만에 앨리슨은 사고 싶었던 책을 살 정도로 점수를 모았습니다.

앨리슨의 부모가 '선택적 무시'와 보상 차트를 함께 활용했으므로 행동 개선이 '선택적 무시' 덕분인지, 보상 차트 덕분인지, 아니면 둘 다 작용했는지 알 수 없습니다. 하지만 앨리슨의 부모는 상관하지 않았죠. 아이가 밝아졌고 생떼 부리는 일도 줄었고 그들도 딸과의 시간이 즐거워

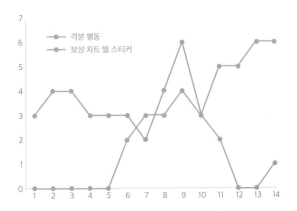

그래프: 앨리슨의 보상 차트에서 나타난 개선

행동	월요일	화요일	수요일	목요일	금요일	토요일	일요일	합계
성질 부리기								
소리 지르기								
욕설								

졌으니까요.

연구자들은 어떤 중재가 변화를 일으키는지 알아보기 위해 여러 중재 방법을 단계별로 실시하거나 제거합니다. 하지만 '선택적 무시'에서는 그 방법을 추천하지 않습니다. 연구에 따르면 '선택적 무시'와 비슷한 중재법은 올바른 행동을 긍정적으로 강화하는 방법과 함께 활용할 때 더 효과적입니다. 앨리슨에게도 효과 만점이었죠.

여러 행동,
차트 하나

여러 바람직하지 못한 행동을 한 번에 추적할 수도 있습니다. 하지만 한 번에 추적하는 행동의 가짓수는 2~3가지로 제한하기를 권합니다. 시간과 관찰이 필요하므로 한 번에 너무 많은 행동을 추적하려면 주의가 분

산되어 정확성이 떨어지니까요. 다른 행동은 나중에 얼마든지 추적할 수 있습니다. 한 번에 적은 문제를 다루어도 됩니다. 그 행동이 개선되면 다른 문제 행동으로 넘어갑니다. 분노 발작, 소리 지르기, 욕설 행동을 추적하는 차트를 부모가 복사해 가지고 다니며 서로의 추적 결과를 비교합니다.

TIP BOX
추적 요령

- 추적에 대해 아이에게 말하지 않는다.
- 한 번에 3가지 이상의 행동을 추적하지 않는다. 대체로 2가지가 적당하다.
- 몰래 추적한다. 차트를 주방 게시판에 붙여놓지 마라. 서랍이나 주머니에 넣는다.
- 변수 많은 행동은 (즉 불규칙한 행동) 더 오래 추적해야 한다. 패턴이 나타날 정도로 자주 일어나는 행동이 아니라면 추적이 도움 되지 않을 수도 있다.
- (하루에 여러 번) 자주 나타나는 행동이라면 3~4일의 추적이 기저선을 얻기에 충분하다.
- 기저선 단계를 건너뛸 수도 있다. 사실 꼭 필요한 것은 아니

다. '선택적 무시'를 시작하는 동시에 행동 추적을 시작하는 부모들도 있다. 개선과 소거 발작을 관찰하는 데 도움이 된다.

● 추적이 귀찮거나 답답하거나 시간이 너무 많이 걸린다면 하지 마라. 추적이 힘들어 '선택적 무시'를 포기하는 일이 생기면 안 된다. 행동 개선이 눈에 띄게 나타나 평가가 꼭 필요하지 않은 경우가 많다.

Q & A

Frequently
Asked Questions

(Q) '선택적 무시' 훈육법이 가장 적절한 나이는 언제인가요?

'선택적 무시' 훈육법은 2~21세까지 권장합니다. 유아기부터 모든 나이에 효과적이죠. 사실 '선택적 무시'는 유아에게 가장 효과가 있습니다. 하지만 이 훈육법을 익히면 자녀가 성인이 될 때까지 활용할 수 있어요. 방학을 맞이해 집으로 돌아오는 대학생 자녀가 밖에서 배운 불쾌한 행동을 보일지도 모르니까요. '선택적 무시'를 활용하면 곧바로 바람직한 행동으로 돌릴 수 있답니다.

'선택적 무시'의 효과가 나타나기까지 얼마나 걸리나요?

때에 따라 다르다. 원하는 대답은 아니겠지만 사실이 그렇다. 효과가 느리게 점진적으로 나타나기도 하고 특정 행동이 곧바로 크게 줄어들 수도 있다. 일반적으로 오랫동안 보상이 이루어진 행동일수록 사라지는 데도 오래 걸린다. 마찬가지로 보상이 큰 행동일수록 고치기가 어렵다. 마지막 변수는 간헐적 보상이 이루어진 경우다. 언제는 안 된다고 했다가 또 다른 때는 한바탕 소동이 일어나져주는 것이다. 때때로 보상이 이루어진 행동은 고쳐지기까지 더 오래 걸린다. 하지만 아무리 사소한 진전이라도 무조건 반가운 일이라는 사실을 기억해야 한다. 13장에서 소개한 추적 차트 사용을 권하는 이유다. 진전이 눈에 보이면 포기하지 않을 수 있다.

Q 무시하는 동안 아이가 때리거나 물건을 던지면 어떡하죠?

때에 따라 다릅니다. 무시할 수 있다면 무시하는 게 항상 제일 나은 선택입니다. 부모의 모든 반응이 때리거나 던지는 행동을 강화할 뿐이기 때문이죠. 부모가 화내는 반응마저 아이에게는 나중에 행동을 반복하는 동기를 부여합니다. 아예 관심을 보이지 않으면 때리거나 물건을 던져도 목표를 달성할 수 없다는 메시지를 보낼 수 있어요. 하지만 통증이 느껴지면 곧바로 타임아웃을 시행합니다. 타임아웃은 '선택적 무시'의 또 다른 방법이지만, 이때는 기 싸움을 막고 아이가 계속 부모를 다치게 하는 기회를 없앱니다. 안타

깞지만 10대 자녀에게 타임아웃을 시행하기란 사실 불가능해요. 따라서 원점으로 돌아가 계속 신경 끄고 무시하는 게 낫습니다.

Q. '선택적 무시'가 수업 시간에도 효과적일까요?

그렇습니다! 바람직하지 않은 행동을 같은 교실의 다른 아이들이 강화하지 않는다면 수업 시간에도 효과적입니다. 어떤 아이가 관심을 얻으려고 소란을 피워도 신경 쓰는 사람이 없다면 행동이 사라질 거예요. 하지만 교사가 '선택적 무시'를 시행할 때 몇몇 아이들이 킥킥거리거나 환호한다면 행동이 개선되기 어렵습니다. 하지만 교사가 학생들과 함께 올바른 행동에 보상을 준다면 모두가 문제 학생을 무시할 수 있을 겁니다.

Q. 행동이 개선되지 않는 이유는 무엇인가요?

'선택적 무시' 훈육법을 시작하고도 행동 개선이 이루어지지 않는 이유는 다양합니다. 사실은 개선이 이루어지고 있을 수도 있고요. 추적 차트를 이용해 개선이 이루어지고 있는지 알아봐야 합니다. 변화가 없는 것 같아도 사실은 있을 수 있죠. 느려도 변화가 나타나고 있다면 포기하지 마세요. 바람직하지 못한 행동이 계속 나타나는 또 다른 이유는 자녀의 나이대에 맞는 행동이기 때문입니다. 예를 들어 분노 발작은 2~4세 아동에게 일반적으로 나타나는 행동입니다. 하지만 '선택적 무시'는 그 횟수와 지속 시간, 강도를 크게 줄여줄 거예요. 마지막으로 문제 행동을 일관적으로 무시하지 않고 때때로 강화해주기 때문일 수도 있고요. 일관성 없는 메시지는 아이에게 동기를 부여합니다. 문제 행동이 나타날 때마다 '선택적 무시'를 확실하게 실행해야 합니다.

Q '선택적 무시'를 활용하기 전에 아이와 어떤 대화를 나누어야 하나요?

대화가 필요하지 않습니다. 행동은 말보다 많은 이야기를 하는 법이니까요. 또 어린아이들은 '선택적 무시'에 대해 설명해주어도 실제로 행동에 옮기기 전까지 그 원리를 잘 이해하지 못할 거예요. 실행에 옮긴 후에도 제대로 이해하지 못할 수도 있고요. 하지만 '선택적 무시'는 자녀가 그 원리를 완전히 이해하지 못해도 효과적입니다. 물론 시도하기 전에 꼭 자녀에게 설명하고 싶은 부모들도 있겠죠. 그런 경우라면 아이에게 간단히 설명해주세요. 특정 행동(생떼 부리기, 협상하기, 징징거리기, 욕하기, 소리 지르기)을 무시할 것이라고만 말하면 됩니다. 나머지는 행동으로 보여줍니다. 행동에서 보상이 제거되면 아이가 그 말뜻을 분명히 알아들을 테니까요.

Q 딸이 관심을 끌려고 필요에 따라 울고 조그만 일에도 분노 발작을 보였는데 '선택적 무시' 덕분에 많이 나아졌습니다. 이제는 그런 행동을 거의 보이지 않습니다. 하지만 정말로 아파서 우는 것이라도 엄살 심하고 과장하는 행동은 어떻게 해야 할까요?

실제의 고통과 실망감, 상처는 절대로 그냥 넘기면 안 됩니다. 아이가 필요한 보살핌을 받지 못하고 외로움이나 수치심을 느끼면 안 됩니다. 엄살과 과장이 심한 아이라면 과도한 반응은 무시하면서 실질적인 문제에 곧바로 대처하는 것이 중요해요. 딸이 넘어져 무릎이 까졌다면 일단 상처를 확인하세요. 조처가 필요하다면(얼음찜질, 일회용 반창고 붙이기 등) 바로 해주시고요. 하지만 실질적인 문제를 처리한 후에는 관심 끌기 행동이 강화되지 않도록 곧바로 '선택적 무시'를 실행하세요. 유심히 귀 기울이고 재개입해 다른 활동으로 이끌어야 한다는 걸 잊지 마시길 바랍니다.

Q 소거 발작 기간에 행동이 얼마나 심해지나요?

예측하기 힘든 일입니다. 소거 발작 기간의 행동은 세 가지 측면에서 심해질 수 있어요. 강도가 커지고 횟수가 늘어나고 한번 발생하면 지속 기간도 늘어납니다. 행동이 심하게 나빠졌다가 금방 개선될 수 있어요. 그런가 하면 사라지기까지 좀 더 오래 걸리기도 합니다. 일반적으로 문제 행동이 나타날 때마다 일관적으로 무시할수록 소거가 빨리 일어납니다. 제 개인적인 경험에 따르면 보통 소거 발작은 며칠 이상 가지 않더라고요. 가장 오래 이어진 아이들의 경우는 행동에 대한 강화가 오랫동안 이루어졌거나 부모가 일관적으로 무시하지 않았기 때문이었습니다.

Q 엉망진창입니다. 소거 발작 기간에 항복했더니 아이의 행동이 훨씬 심해졌어요. 어떻게 다시 시작할 수 있을까요?

심호흡하고 하루 이틀 동안 다시 마음을 가다듬어 보세요. 괜찮다, 있을 수 있는 일이다, 라고요. 4장과 5장, 12장을 다시 읽어보세요. '선택적 무시' 훈육법을 분명히 숙지하고 날 잡아 다시 시작하면 됩니다. 실수에서 교훈을 얻습니다. 어느 부분이 잘못됐나요? 정말로 소거 발작에 무너진 게 문제인지 아니면 일관적이지 못했던 게 이 문제인가요? 보호자들이 저마다 아이의 행동에 다르게 반응해서 일관되지 못한 메시지를 보냈을 수도 있습니다. 예를 들어 부모는 일관되게 무시하는데 보모는 징징대는 신호가 보이자마자 과자를 준다면, 아이의 행동이 더 심해지겠죠. 보육 기관 교사들, 조부모 등 모든 보호자가 참여해야 합니다.

Q 행동을 고치려고 보상을 해준다면 뇌물이 아닌가요?

아닙니다. 뇌물과 보상은 절대 같지 않아요. 보상에 대해 나쁘게 생각하는 사람들도 있지만 삶에는 자연스럽게 발생하는 보상이 가득합니다. 제가 아픈 이웃을 위해 요리를 해주면 다 나은 후에 이웃은 큰 도움이 됐다고 고마워하겠죠. 이웃을 도와줬다는 생각에 저는 행복해지고요. 그 따뜻하고 기분 좋은 느낌이 바로 자연적인 보상입니다. 저는 교수이기도 한데 매년 인사고과가 특정 수준에 이르면 연봉이 올라갑니다(보상). 연봉 인상은 다음 해에 더 열심히 일하게 만드는 강력한 동기가 되어주죠. 바람직한 행동과 노력에 동기를 부여하는 것이 보상의 목적입니다. 보상은 좋은 행동을 강화하기 위해 마련합니다. 아이에게 적절한 보상은 이런 것입니다. "일주일 동안 방을 어지럽히지 않으면 금요일에 외식할 거야." 반면 뇌물은 목표를 달성하기 위해 쓰는 비도덕적인 수단입니다. 뇌물은 나쁜 행동을 멈출 때 주로 제공되죠. "뚝 그치면 TV 보게 해줄게" 같은 것이 뇌물입니다.

평소 절대로 울음을 그치지 않는 아이라면 보상을 제시할 수 있죠. 아이가 부모를 시험하지 않고 TV를 보고 싶다고 올바른 태도로 말해도 보상을 줄 수 있고요. 그렇다면 뇌물이 아니라 보상인지 어떻게 확신할 수 있을까요? 보상은 절대로 협상에 휘둘리지 않고 부모의 조건에 따라 주는 겁니다. 반면 뇌물은 "~하면(어떤 행동) 뭐 줄 거야?"라는 아이의 말에 따라 주어지죠. 아이의 행동에 "상"을 주면서 기분이 좋지 않다면 뇌물이기 때문일 겁니다. 하지만 미리 정해놓은 대로 바람직한 행동에 상을 준다면 그것은 보상입니다.

Ⓠ 할 일을 하라고 할 때마다 딸이 소리를 질러요. 너무 공격적이라 말조차 하기 싫어져요. 이성을 잃고 화낼까 봐 제가 그냥 피해버리죠. 그래서 아이는 할 일을 면제받게 되고요. 어떻게 하면 소리 지르지 않고 집안일을 하게 할 수 있을까요?

영리한 아이네요. 할 일에서 빠져나가는 방법을 알아냈군요. 소리

지르면 부모가 물러난다는 것을요. 부모는 지금 그냥 피해버리는 행동으로 아이의 행동을 강화하고 있는 겁니다. 그래서 집안일을 돕기 싫으면 아이는 또 소리 지를 거예요. 침착함을 잃지 않고 아이와 소통하는 방법을 찾아야 합니다. 심호흡하고 머릿속으로 긍정적인 대화를 하세요. 딸의 방으로 가기 전에 할 말을 연습하시고요. 무시하세요. 절대 피해버리지만 마세요. 아이가 소리 질러도 무시하면서 꿋꿋하게 자리를 지키세요. 아이가 잠잠해지면 장황하게 잔소리를 늘어놓지 말고 침착한 목소리로 재개입합니다. 해야 할 일만 이야기하고 아이의 빠져나가려는 전략을 꾸짖지 않으면 행동이 수그러들 거예요. 한번 말하면 받아들이기 시작합니다.

Q 부모가 당해내지 못한다는 것을 알고 네 살 아들이 화날 때마다 머리로 벽을 찧습니다. 어지른 것을 치우라고 하면 머리를 찧기 시작해요. 어떻게 하면 고칠 수 있을까요?

아들이 머리로 벽을 찧는다면 '선택적 무시'를 시작하기 전에 응용 행동 분석(ABA) 전문 치료사와 상담을 받아보면 도움이 될 겁니다. 웹사이트를 참고해 전문 상담사를 찾아보세요. 질문만으로 아이가 벽에 머리를 찧는 이유를 정확히 알 수는 없습니다. 관심을 받고 싶어서일 수도 있고 귀찮은 일을 피해가기 위해서일 수도 있고 감각 추구 때문일 수도 있겠죠. 행동에 따르는 모든 보상을 '선택적 무시'로 대처할 수 있습니다. 행동에 따르는 이익이 전부 제거되어야만 합니다. 방법은 여러 가지가 있어요. 머리를 찧을 만한 단단한 벽이 없는 안전한 장소를 마련합니다. 장난감을 가지고 놀 때 헬멧을 쓰고 있게 해도 되고요. 그러면 머리를 벽에 찧어도 다칠 위험이 없고, 감각의 만족감도 느끼지 못할 거예요. 행동이 끝나면 반드시 곧바로 재개입하세요. 어지른 것을 치우거나 다른 행동으로 넘어갔을 때 칭찬해주는 것도 잊지 마시고요.

Q 소거 발작 이후에도 사라지지 않은 행동이 있습니다. 아들이 아직도 가끔 생떼를 부리는데 어떻게 해야 할까요?

2~4세 아동은 생떼를 부리는 것이 발달 측면에서 적절한 행동일 수 있습니다. '선택적 무시'는 그 횟수와 강도, 지속 시간을 크게 줄여줍니다. 바람직하지 못한 행동에 계속 '선택적 무시'를 활용하세요. 시간이 지날수록 아이가 더 올바른 행동을 발달시켜 예전의 행동이 점점 줄어들거나 아예 사라질 테니까요.

Q 딸이 계속 머리카락을 만지작거리고 쥐어뜯어요. 관심을 끌려는 행동인 줄 알고 '선택적 무시'로 대처했는데 방에 혼자 있을 때도같은 행동을 합니다. 부모가 옆에 없을 때도 하는 행동에는 어떻게 대처해야 할까요?

아이가 그 행동을 하는 근본 이유에 대해 전문 상담사나 의사의 도움을 받아야 할 수도 있겠습니다. 아이가 머리카락을 쥐어뜯는 이유를 완전히 파악하기 전까지는 '선택적 무시'를 미루라고 조언해 드리고 싶네요. '선택적 무시'는 강화의 결과로 일어나는 행동일 때만 개선해주는 효과가 있습니다. 따라서 강화가 사라지면 보상도 사라지지요. 아이가 머리를 쥐어뜯는 행동으로 받는 다른 "보상"이 있다면 '선택적 무시'가 효과적이지 않을 수 있습니다. 발모광(강박 장애의 일종)이나 불안증, 질병이 있거나 다른 심리적 문제일지도 모릅니다. 행동의 근본 원인을 다루는 치료법과 함께 '선택적 무시'를 활용하면 더 효과적일 수 있습니다.

Q '선택적 무시'는 언제 시작할 수 있나요?

곧바로 시작할 수 있습니다. 특별한 장비도 필요하지 않고 정해진 시간만큼 기다릴 필요도 없죠. 하지만 스트레스가 너무 심할 때는 시작하지 않는 게 좋습니다. 예를 들어 이사를 앞두거나 아기가 태어났거나 이혼 소송 중이거나 개학을 했거나 가까운 누군가가 세상을 떠났다면, 안정된 일상으로 돌아갈 때까지 기다리세요. 항상 혼란 상태처럼 느껴진다면 바로 시작해도 됩니다.

Q '선택적 무시'를 언제 그만두어야 하나요?

절대 그만두지 마세요! '선택적 무시'는 삶의 방식입니다. 거슬리는 일이나 원하지 않은 행동을 무시하는 것은 육아뿐만 아니라 삶을 살아가는 데 큰 도움이 됩니다. '선택적 무시'는 자녀가 다 컸다고 해서 끝나지 않습니다. 알다시피 '선택적 무시'는 단계별로 (무시, 경청, 재개입, 수리) 이루어지며 마지막 단계에 이르면 다음 단계로 넘어가니까요. 필요할 때마다 그때그때 사용할 수 있습니다.

격려의 말과
마지막 비결

*The Pep Talk and Final Tips
Acknowledgments*

아이를 낳기 전에 저는 예비 부모들과 크게 다르지 않았습니다. 부모 역할과 아이들에 대한 환상이 있었죠. 서로 껴안고 웃으며 느긋한 일요일을 보내는 모습을 상상했습니다. 즐거운 장거리 자동차 여행, 온 가족이 함께하는 모험을 그려봤죠. 제 아이들이 테두리까지 남김없이 식빵을 먹고 다양하고 이국적인 음식을 시도하는 상상도 했고요. 깔끔하게 빗은 머리와 항상 깨끗한 얼굴도 떠올렸습니다. 옷차림도 사랑스럽고 태도는 완벽하고 성적은 무조건 A였죠. 제 자식들은 항상 절대 떼쓰지 않고 "부탁합니다"와 "고맙습니다" 같은 말을 사용해 예의 바르게 행동하고 친구들과도 사이가 좋을 것이라고요. 그 어떤 불안도 없고 건강 상태도 완벽할 것이라고요. 놀라운 일은 아니겠지만 제 아이들은 제 삐뚤어진 환상과 똑같이 자라나지 않았습니다. 저를 비롯해 많은 어른도 식빵 테두리를 먹지 않습니다. 제 아이들은 천재도 아니고요. 항상 예의 바르게 행동하지도 않고 식탁 예절도 엉망이에요. (의학적으로든 사회적으로든) 문제도 많고요. 주어지는 것에 감사하지 않을 때도 있고 가끔 못된 태도를 보입니다. 언제나 잘 빗은 머리와 깨끗한 얼굴, 사랑스러운 옷차림도…… 희망 사항일 뿐이죠.

그럴 만도 합니다. 저 자신도 꿈꾸었던 부모의 모습이 아니니까요. 상상보다 훨씬 힘든 부모의 역할에 지쳤습니다. 피로는 계획에 들어 있지 않은 지름길을 선택하게 만들죠. 적어도 일주일에 한 번은 저녁을 아침처럼 간단하게 먹거나 슈퍼마켓에서 파는 닭요리를 사 먹습니다. 아마 우리 아이들의 TV 시청 시간은 미국 소아학회(American Academy of Pediatrics)의 권장 기준을 훨씬 초과할 거예요. 저는 확실히 상상보다 훨씬 더 지치고 불만 많은 부모의 모습입니다.

제가 아는 누구도 아이를 낳기 전에는 현실적인 육아의 모습을 상상하지 못했습니다. 현실이 꿈과 완전히 다르다는 사실을 알게 되면 방향을 잃기 쉽죠. 의욕이 떨어지고요. 당혹스럽기도 합니다. 부모들은 고난을 예측하지 못하기에 고난에 대처하는 방법도 준비되어 있지 않죠. 부모가 자동차에 붙인 자녀의 대학교 범퍼 스티커로 자녀가(부모도) 평가

받는 나라에서, 부모가 자녀와 자신에게 기대한 상상의 기준을 충족하기란 거의 불가능합니다.

이 사회는 아이의 존재와 부모의 책임을 국가 안보 수준으로 격상시켰죠. 지극히 사소한 결정마저 엄청나게 힘겹습니다. 사소한 것까지 전부 관리하고 걱정하느라 지쳐서, 육아 자체가 고역이 됐죠. 하지만 부모의 고충에 관한 토론이 이루어지는 경우는 드뭅니다. 부모는 밤에 조용히 울고 죄책감과 수치심을 느끼고 외로움을 느끼죠.

아이들이 아직 아기였을 때 남편과 저는 어린아이를 돌봐야 하는 책임에 고군분투했습니다. 두 개의 직업과 두 명의 어린아이가 있는 생활을 헤쳐 나가느라 고심했죠. 친구들을 저녁 식사에 초대한 어느 날 다른 엄마도 저와 비슷한지 궁금했습니다. 저는 그녀에게 아이를 키우면서 기쁠 때가 몇 퍼센트, 힘들고 버거울 때가 몇 퍼센트지 물었습니다. 그녀는 조금도 망설이지 않고 말했다. "난 엄마라서 즐거울 때가 100퍼센트야. 항상 즐거워."

저는 겉으로 미소 지었습니다. "아, 정말 멋지네."
하지만 속으로 괴로웠죠. 아, 난 정말 형편없는 인간이야.
저는 부모라서 좋습니다. 남편도 부모 역할을 사랑하고요. 하지만 솔직히 말하자면 육아는 제게 100퍼센트 즐거웠던 적이 한 번도 없습니다. 즐거움이 60퍼센트일 때도 있고 30퍼센트일 때도 있죠. (화창한 날씨, 도자기 색칠하기, 아이스크림이 있는) 기분 좋은 날은 80퍼센트이고 최악은 10퍼센트네요.

육아는 노동입니다. 물론 아이들이 점점 자라고 독립성이 커지면서 쉬워진 부분도 있긴 하죠. 하지만 다른 부분은 더 어려워졌어요. 아침 6시에 일어나 도시락 싸기, 서로 다른 학교에 다니는 두 아이 등교시키기, 일찍 일어나기, 장염, 산더미 같은 빨래, 짜증나는 레고 조각, 병원 진료, 맹렬한 속도로 동에 번쩍 서에 번쩍 이동하기는 제게 즐거운 일과 거리가 멉니다. 하지만 부모가 해야 하는 필수적인 일들이죠. 대부분 피할 수 없다는 뜻이기도 합니다.

하지만 아이의 생떼 부리기와 협상, 눈알 굴리기, 조르며 떼쓰기, 소리지르기 같은 것은 필수가 아니죠. 자는 시간이 매일 늦어지는 일도 피할 수 있고요. 최신 아이폰을 사달라고 조르는 행동도 멈출 수 있습니다. 징징대는 행동은 필요하지 않아요.

육아는 노동이기는 하지만 부모의 역할은 즐겁기도 해야 합니다. 힘든 것보다 기쁨이 커야 하지요. 가능하다. 제가 이 책을 쓴 이유도, 당신이 이 책을 읽고 있는 이유도 그것이겠죠. 아이는 정말 금방 커버립니다. 아이가 태어나고 부모는 키우고 하다 보면 눈 깜짝할 사이에 다 자랍니다! 그 짧은 시간을 싸움과 징징거림, 어질러진 방과 함께, 끝없는 투쟁과 신경쇠약으로 보내고 싶어 할 사람은 없을 거예요.

그래서 당장 시작해야 합니다. 시작하세요! 이 책을 다 읽었고 필요한 정보가 있으니 시작만 하면 됩니다. 굉장한 계기가 없어도 됩니다. 특별한 준비물을 살 필요도 없고요. 휴가나 휴일까지 기다리지 않아도 됩니다. '선택적 무시'는 시간을 빼앗아 다른 일을 못 하게 만들지 않아요. 아이의 행동을 무시하지 않고 상대하는 게 오히려 더 시간을 빼앗습니다. 100퍼센트의 헌신으로 시작하기만 하면 됩니다.

100퍼센트의 헌신이란 어떤 모습일까요? 기회가 나타날 때마다 무시한다는 뜻입니다. 행동을 처음부터 끝까지 무시하는 거예요. 어렵거나 불편하다고 포기하지 마세요. 100퍼센트의 헌신은 소거 발작 동안 '선택적 무시'를 중도 포기하지 않는다는 뜻이기도 합니다. 행동이 더 심해지는 것처럼 보여도 '선택적 무시'의 효과가 나타난다는 뜻이에요. 발작 이후에는 소거(행동이 사라지는 최고의 순간)가 이루어지므로 조금만 더 기다리고 인내하세요.

큰 변화는 한순간에 이루어지지 않습니다. 과정입니다. 과정은 목표를 위하여 밟아가는 단계들을 말합니다. 이 사실을 기억할 필요가 있습니다. 무시하는 걸 깜빡할 때도 있겠죠. 문제 행동이 멈추기 전에 무심코 개입할 때도 있겠고요. 분명 차질도 생깁니다. 하지만 전부 과정임을 기억해야 합니다. '선택적 무시'에 완전히 능숙해지려면 시간이 걸리겠지만…… 단언컨대 할 수 있습니다.

어떻게 그렇게 확신하느냐고요? '선택적 무시'는 정말로 효과가 있기 때문이죠. 실험을 거친 탄탄한 연구를 토대로 하는 방식이니까요. 원하는 개선 효과가 나타나지 않으면 책을 다시 읽으세요. 서두르지 마세요. 메모도 다시 하면서 어디에서 잘못됐는지 찾아보시고요. 그리고 다시 시작하세요. 포기만 하지 않으면 됩니다. 부모는 자녀 양육을 즐길 수 있고 그래야만 해요. '선택적 무시'가 도와줄 수 있습니다.

저는 가족 코치입니다. 자녀 양육 문제를 겪는 사람들을 도와주는 일이 제 생계 수단이죠. 고객들에게 가르치는 바로 그 기법을 제 자식들에게도 씁니다. 그래서 우리 아이들은 꽤 괜찮은 아이들이랍니다. 부모의 말에 귀 기울이고 대체로 얌전히 행동하죠. 일반적으로 거슬리는 부적절한 행동이 최소한의 수준에 머물러 있답니다. 하지만 아이들이지 로봇은 아니죠. 마찬가지로 저도 로봇이 아니고요. 그러니 흔들리고 실수도 합니다. 아들과 딸이 가끔 제 한계를 시험하죠.

항상 완벽한 부모는 없습니다. 시어즈 박사나 퍼버 박사 같은 전문가들도 마찬가지죠. 로라 부시(Laura Bush), 미셸 오바마(Michelle

Obama) 같은 영부인들도, 캐럴 브레이디(Carol Brady) 같은 허구의 (사랑스러운) 인물조차 실수합니다. 〈브레이디 번치(On The Brady Bunch)〉에서 피터가 (하지 말라고 했는데도) 집 안에서 농구를 하다 램프를 깨죠. 앨리스는 아이들이 장난감을 치우지 않아 발목을 삐었고요. 신디는 쉬지 않고 고자질을 합니다. 이상적인 시트콤에서조차 이런 일이 일어나네요. 따라서 스스로에게 관대해지세요. 실수하고 잘못해도 용서하세요. 가족의 행복을 위해 노력하고 있는 거니까요. 정말 고귀한 일이잖아요. 대단해요!

이 책을 쓰는 동안 마지막으로 강조하고 싶은 핵심들을 다음 목록으로 담았으니 다시 짚어보세요. 행복한 부모 역할로 돌아가기 전에!

- 작은 성공을 기뻐하라. 성공은 성공이다. 다음에는 더 큰 성공을 거둘 수 있을지도 모른다.
- 변화 시도는 언제나 가능하다. 자녀와의 관계를 개선하는 데 늦었을 때란 없다. 절대 희망 없는 일이 아니다!
- 유연성을 가져라. 항상 맞거나 틀린 방법은 없다. 가끔 바르다고 생각하는 것에 집중한 나머지 다른 선택을 하면 나쁜 결과가 나올 수 없다는 사실을 잊어버린다.
- 전부 다 무시하지 마라. 아이에게는 감독과 관심, 개입이 필요하다. '선택적 무시'는 바람직하지 못하고 신경에 거슬리는 행동만 무시하는 것이다.

아이가 온종일 신경을 거스른다고 생각될 수도 있지만 24시간 무시하면 안 된다. 개선이 필요한 행동을 몇 가지 골라 무시와 개입의 균형을 맞춘다.

- '선택적 무시' 훈육법을 활용한다는 사실을 가족이나 친구에게 말한다. 그래야 간섭하거나 미쳤다고 생각하지 않을 것이다.

- 아이의 거슬리는 행동과 육아 만족도, 자녀와의 관계를 일기에 적는다. 변화는 미묘하거나 느리게 일어날 수도 있다. 글쓰기나 일기 쓰기를 좋아한다면 이 방법을 적극적으로 추천한다. 많은 것이 변할 수 있다는 사실에 놀랄 것이다.

- 자녀에게 "부탁해"와 "고마워"라고 말한다. 변화를 원하면 본보기를 보여주어야 한다는 사실을 잊어버릴 때가 많다. 예의 바르게 부탁하고 반응하는 모습을 보여주면 자녀와의 긍정적인 상호작용에 도움되고 올바른 행동을 칭찬해줄 수도 있다.

- 아이에게 원하는 바를 부탁하듯 말하지 않는다. 기대를 분명하고 구체적으로 전달한다. "다 먹은 그릇은 싱크대에 넣어줄래?"라고 하지 않는다. 이것은 선택에 따라 하지 않아도 된다는 말처럼 들린다. "다 먹은 그릇은 싱크대에 넣어. 부탁해"라고 한다.

- 인내심을 가져라. 변화는 분명히 일어나겠지만 천천히 올 수도 있다. 느려도 진전은 진전이다.

- 아이의 행동에 세심한 관심을 기울인다. 긴장감이 팽팽할 때는 행간을 읽으려 노력한다. 빨래를 빨래 바구니에 넣으라는 요청을 아이가 불만스러

운 태도로 따르면 무시한다. 엉망으로 해놓아도 무시한다.

● 휴식 시간을 가져라. 당신은 그럴 자격이 있다. 핵심은 이렇다. 당신은 자녀를 사랑한다. 그게 가장 중요하다. 당신은 자녀가 탐구하고 참여하고 성공하면서 행복한 삶을 살기를 바란다. 나중에 자녀가 기쁘게 어린 시절을 돌아볼 수 있기를, 부모도 아이를 키우는 시간이 즐겁기를 바란다. 그러려면 아이를 따뜻하게 안아주고 뽀뽀도 해주어야 하지만 무시해야 할 때도 있다!

부록
연령별 보상

유치원	초등학교	중학교	고등학교	보상
		×	×	악기 수업
×	×	×		애견 카페나 동물 보호소 방문
×	×	×	×	다정한 포옹
×	×	×	×	박물관 관람
×	×	×	×	간식 만들어주기
×	×	×	×	영화 관람
×	×	×		도시락 싸주기
×	×	×	×	사탕
×	×	×		TV 예능 프로그램
×	×			공예품 만들기
×	×			침실 장식 이벤트
×	×			친구네 놀러가기
×	×			자기 전 책 읽어주기
×	×			마당이나 집에 재미난 도구 만들기
×	×			꽃잎 부케나 나뭇잎 책갈피
×	×			예술 이벤트
×	×			도서관 여행
×	×			푹신한 침대 요새 만들기
×	×			동물원 가기
×	×			불꽃놀이 조명
×	×			소풍

×	×			정원 가꾸기
×	×			보물상자
×	×			지우개
×				암석 색칠하기
×				동네 소방서 구경
×				공원 가기
×				동전 넣고 목마 타기
×				애완돼지 타고 놀기
×				핑거 페인팅
×				스티커
	×	×	×	가장 좋아하는 메뉴로 만든 저녁
	×	×	×	뒷마당에서 모닥불 놀이
	×	×	×	저녁 놀이 선택권
	×	×	×	야간 게임 선택권
	×	×	×	평소보다 늦게 자기
	×	×	×	머리 미용
	×	×	×	아이가 주인공인 영상 만들기
	×	×	×	노래방
	×	×	×	엄마나 아빠와 시간 보내기
	×	×	×	비디오 게임, PC, TV 더 보기
	×	×	×	학교까지 차로 바래다주기
	×	×	×	미술 용품이나 학용품
	×	×	×	어린이방 페인트칠
	×	×	×	서점에서 사온 책
	×	×	×	노래, 연기, 그림 등 과외 수업 등록
	×	×	×	낚시 가기
	×	×	×	보트 빌려 타기
	×	×	×	아이와 데이트하기
	×	×	×	맛있는 외식
	×	×	×	영화 빌려보기

×	×	×	영화 보며 팝콘 먹기
×	×	×	자동차에서 배경음악 고르기
×	×	×	볼링, 스케이팅, 수영
×	×	×	집안일에서 해방
×	×	×	침실용 포스터
×	×	×	잡지 구독
×	×	×	놀이공원 놀러가기
×	×	×	집에 친구 초대하기
×	×	×	스포츠 용품이나 액세서리
×	×	×	음악 다운로드
×	×	×	엄마 아빠와 함께 하고 싶은 거
×	×	×	인터넷 자유 사용
×			거품 목욕
	×	×	요리 메뉴 정하기
	×	×	아이 방 다시 꾸미기
	×	×	차 앞좌석에 앉기
	×	×	아이에게 엄마 아빠 물건 쓰게 하기
	×	×	쇼핑할 용돈
	×	×	쇼핑센터 구경가기
	×	×	콘서트
	×	×	파자마 파티
	×	×	용돈 벌기 찬스
	×	×	가족 행사 불참 선택권
	×	×	상품권
	×	×	휴대폰
	×	×	주말 늦잠 허락
		×	차 빌려 쓸 기회
		×	아이에게 작은 보석 한 조각 선물

참고 웹사이트

저자 연락처
Catherine@TheFamilyCoach.com
Facebook @TheFamilyCoach
Twitter @TheFamilyCoach
www.TheFamilyCoach.com

American Academy of Child & Adolescent Psychiatry,
http:// www.aacap.org/
American Psychological Association, www.apa.org
Autism Speaks, www.autismspeaks.org/
Behavior Analyst Certification Board, http:// bacb.com/
The Incredible Years, http:// incredibleyears.com/

신경 끄기 육아

초판 1쇄 인쇄 2020년 3월 5일
초판 1쇄 발행 2020년 3월 13일

지은이 캐서린 펄먼
옮긴이 정지현
펴낸이 정용수

사업총괄 장충상 본부장 홍서진
편집장 책임편집 박유진 편집 김민기
디자인 데시그 이승은
영업·마케팅 윤석오
제작 김동명
관리 윤지연

펴낸곳 ㈜예문아카이브
출판등록 2016년 8월 8일 제2016-000240호
주소 서울시 마포구 동교로18길 10 2층(서교동 465-4)
문의전화 02-2038-3372 주문전화 031-955-0550 팩스 031-955-0660
이메일 archive.rights@gmail.com 홈페이지 ymarchive.com
블로그 blog.naver.com/yeamoonsa3 페이스북 facebook.com/yeamoonsa

IGNORE IT!